ゼロからはじめる

Microsoft Teams

マイクロソフトチームズ

基本&便利技

[改訂2版]

リンクアップ 著

技術評論社

CONTENTS

第1章 Teams のキホン

第2章 チームに参加する

第3章 メッセージでやり取りする

第4章 ビデオ会議でやり取りする

第5章 ほかのアプリと連携する

CONTENTS

第8章 組織やチームを管理する

第9章 スマートフォンやタブレットで利用する

第10章 疑問・困った解決 Q&A

ご注意：ご購入・ご利用の前に必ずお読みください

●本書に記載した内容は、情報の提供のみを目的としています。したがって、本書を用いた運用は、必ずお客様自身の責任と判断によって行ってください。これらの情報の運用の結果について、技術評論社および著者、アプリの開発者はいかなる責任も負いません。

●ソフトウェアに関する記述は、特に断りのない限り、2023年4月現在での最新バージョンをもとにしています。なお、本書では「Microsoft 365 Business Standard」への対応を前提としています。なお「Microsoft Teams Essentials」で利用できない機能については、タイトル部分に Essentials 非対応 と記載しています。ソフトウェアはバージョンアップされる場合があり、本書での説明とは機能内容や画面図などが異なってしまうこともあり得ます。あらかじめご了承ください。

●本書は以下の環境で動作を確認しています。ご利用時には、一部内容が異なることがあります。あらかじめご了承ください。
端末 ： iPhone 13（iOS 16.4.1）、Xperia 5 Ⅳ（Android 13）
パソコンのOS ： Windows 11

●インターネットの情報については、URLや画面などが変更されている可能性があります。ご注意ください。

以上の注意事項をご承諾いただいたうえで、本書をご利用願います。これらの注意事項をお読みいただかずに、お問い合わせいただいても、技術評論社は対処しかねます。あらかじめ、ご承知おきください。

第1章

Teamsのキホン

Section 01

Teamsとは

Teamsは、マイクロソフトが提供しているチャットや通話ができるコミュニケーションアプリです。企業においてもテレワーク化が進み、さまざまな働き方が選択できるようになった昨今では欠かせないツールの1つといえるでしょう。

Teamsとは

コロナ禍をきっかけに、多くの企業でテレワークの導入が進んだことにより、ツールを利用して場所を限定せずに、業務を行う機会が増えました。
このような場合によく利用されるツールが、チャットツールやビデオ会議ツール、クラウドストレージサービスなどです。これらはさまざまな企業が独自のサービスを提供していますが、一つ一つアプリケーションをダウンロードしたり、アカウントを作成したりするのは面倒です。そこで、「Teams」(チームズ)の導入を検討してみましょう。
Teamsとは、マイクロソフトが提供するグループウェアツールです。Microsoft 365などに含まれるサービスであり、Microsoftアカウントを持っていれば誰でも使うことができます。Outlookをはじめとした、Microsoft Officeアプリとの連携が非常にスムーズで、マイクロソフトが提供しているクラウドサービスの「OneDrive」を利用することも可能です。

https://www.microsoft.com/ja-jp/microsoft-teams/group-chat-software

Teamsの特徴

Teamsの特徴は、Microsoftアプリとの連携がかんたんに行えることです。Microsoft 365のパッケージプランを契約している場合は、Microsoft Officeアプリを使いながらTeamsも利用することができるので、ビジネスで使う場合はこちらを利用する場合が多いでしょう。また、ほかのコミュニケーションアプリとの最大の違いは、約40の言語に対応している点です。海外に支社がある企業や、外国人の社員が多い企業にとっても非常に有用なツールといえます。

●Microsoft Officeとの連携

Teamsから直接Word、Excel、PowerPointなどのMicrosoft Officeアプリにアクセスすることができます。また共有の作業をすることもできます。

●コミュニケーション機能

チャットや通話、ビデオ会議など豊富なコミュニケーション機能が1つにまとめられているため、複数のツールを使い分ける必要がありません。社内だけでなく、社外の相手ともTeams上で連絡を取り合うことができます。

●海外の言語にも対応

Teamsのチャットには言語翻訳機能が付いており、海外の社員や取引先との打ち合わせなどもスムーズに行うことができます。ニュアンスが伝わりづらい場合のために、ステッカーやGIFアニメなどの機能も付いています。

●管理・セキュリティ機能

サポート機能や2段階認証などの管理・セキュリティ機能のほかにも、Teams内でやり取りしたデータを即座に暗号化したり、会議内でのコンテンツ利用を参加者ごとに管理したりすることができます。

アプリケーションどうしの連携ができる

Teamsはサードパーティ製のアプリとも連携することができるので、すでに利用しているアプリを連携させておくとスムーズに業務を進めることができます。連携できるアプリは2023年4月現在で180種類以上あります。クラウドサービスやタスク管理アプリなど、多岐に渡るので業務をかんたんに管理することができます。

クラウドサービス「Dropbox」

https://www.dropbox.com/

Section 02 Teamsを利用するには

Teamsを利用するには、有料のライセンスを購入してアカウントを作成する必要があります。すでにMicrosoft 365 Bussinessなどを利用している場合は、そのアカウントでTeamsを利用することもできます。

Microsoftアカウントとは

Microsoftアカウントとは、マイクロソフトの製品やサービスを利用するために必要なアカウントです。アカウントを作成すると、Microsoft Officeアプリの「Outlook」で使うことのできる「…@outlook.jp」のメールアドレスを取得することができますが、フリーメールなどすでに自分が使っているメールアドレスをアカウントとして登録することもできます。
Microsoftアカウントには無料と有料のものがあります。WordやExcelをはじめとしたマイクロソフトの多くのサービスは、有料プランのアカウントのみ使うことができます。Teamsを利用するには、有料のライセンス（Sec.03参照）を購入してアカウントを作成する必要があります。すでにライセンスを付与されたアカウントを持っている場合は、そのアカウントでログインすることで利用できます。

http://account.microsoft.com/

Teamsを利用できる端末

Teamsには、パソコンで利用できる「デスクトップ版アプリ」、Webブラウザーで利用できる「Web版アプリ」、スマートフォンやタブレットで利用できる「モバイル版アプリ」の3種類があります。デスクトップ版とブラウザー版は、WindowsパソコンのほかにもMacやLinuxを搭載したパソコンでも利用することができます。モバイル版は、AndroidスマートフォンとiPhoneの両方で利用することができます。ブラウザー版は「Microsoft Edge」や「Google Chrome」、「Safari」などで利用することができます（古いバージョンでは一部利用できない場合もあります）。

Windowsパソコンでは、デスクトップ版と一部のブラウザー版で利用可能。

Macでは、デスクトップ版とブラウザー版が利用可能。しかし、標準で搭載されているブラウザーの「Safari」は一部の機能がサポートされていないので、Google Chromeなどを使用する必要がある。

Androidスマートフォンや iPhone、タブレットでは、対応しているモバイル版のアプリをインストールすることで利用可能。

Section 03

Teamsのライセンス

Teamsにはライセンスがあり、契約しているライセンスによって使える機能やサービスが異なります。ビジネスでTeamsを利用する場合、「Microsoft 365 Business Basic」、「Microsoft 365 Business Standard」がおすすめです。

Teamsのライセンスとは

一般法人向けTeamsのライセンスには、「Microsoft Teams Essentials（以下Essentials）」、「Microsoft 365 Business Basic（以下Basic）」、「Microsoft 365 Business Standard（以下Standard）」の3種類があります。
Essentialsは、月額500円（税別、自動更新による年間契約）でチャットや最長30時間のビデオ会議などが利用できるTeamsです（一部機能に制限があります）。ただし、小規模企業向けのため、2023年4月現在、チームやチャネルを利用することはできません。本書では、Essentialsの詳細な解説は省略しています。
BasicとStandardは、Microsoft 365のそれぞれのプランに加入しているユーザーが利用できるTeamsです。Essentialsの機能に加えて、ビデオ会議の録画やチームの管理など、Teamsの主な機能をすべて利用できます。BasicとStandardには、さまざまなMicrosoft Officeアプリが利用できるライセンスも含まれているので、ビジネスの現場でTeamsを利用しようと検討している場合は、こちらのライセンスを購入することをおすすめします。なお、すでにMicrosoft 365のほかのプランでライセンスを購入している場合は、追加の契約なしで有料プランを利用できます（「Microsoft 365 App for business」にはTeamsは含まれていません）。

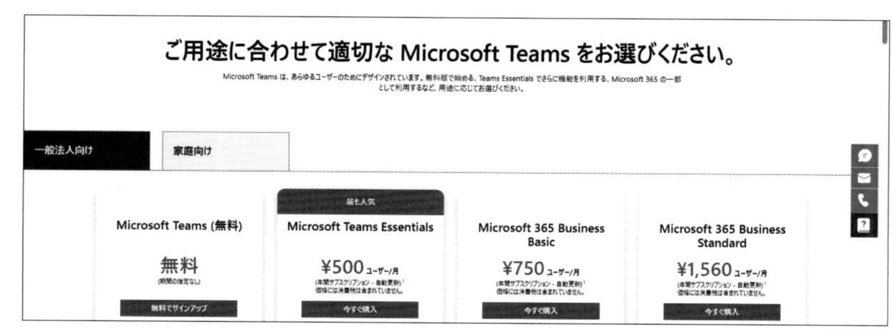

https://www.microsoft.com/ja-jp/microsoft-teams/compare-microsoft-teams-options?activetab=pivot:primaryr1

第1章 Teamsのキホン

	Microsoft Teams Essentials	Microsoft 365 Business Basic	Microsoft 365 Business Standard
おすすめ用途	小規模企業向け	中規模企業向け	
料金 （月額換算、税別）	500円	750円	1,560円
最大ユーザー数	300人		
ファイルストレージ （ユーザー1人あたり）	10GB	1TB	
Web版の Word、Excel、 PowerPointの利用	○	○	○
デスクトップ版 Officeアプリの利用	×	×	○
Microsoft 365 追加サービス	×	○	○
ユーザーとアプリの 管理ツール	×	○	○
電話やWebでの サポート	○	○	○
サービス保証 （稼働率99.9%保証、 返金制度あり）	×	○	○

※上記のほかにもさまざまなプランがあります。

Section 04 デスクトップ版とブラウザー版の違い

Teamsにはパソコンで利用する場合、デスクトップ版とブラウザー版の2種類あります。どちらも操作性はほぼ一緒ですが、ブラウザー版には一部使えない機能がある場合があります。

デスクトップ版Teams

デスクトップ版のTeamsは、契約しているライセンスにもよりますが、ほぼすべての機能を使うことができます。アプリをインストールする必要がありますが、Teamsを今後も使っていこうと考えている場合は、デスクトップ版を導入することをおすすめします。
デスクトップ版のメリットを挙げると、まずはアプリを自動起動に設定することができるので、パソコンの電源を入れれば自動的にデスクトップ版Teamsが起動します。また、ビデオ会議が利用可能です。
ブラウザー版でもビデオ会議は利用できますが、ブラウザーによっては一部機能に制限があります（P.15参照）。そのほかにもコマンドを使えるなどさまざまな利点があります（Sec.67参照）。なお、本書ではWindows 11のデスクトップ版アプリの画面で解説しています。

●デスクトップ版Teamsの画面

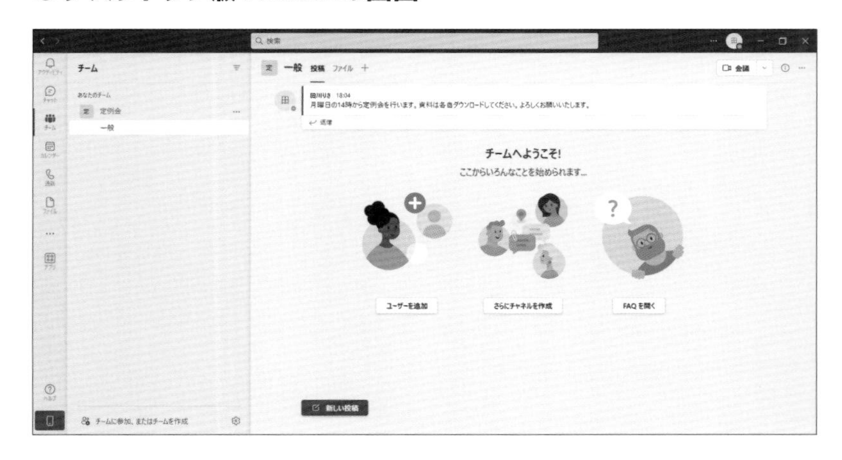

ブラウザー版Teams

ブラウザー版のTeamsは、デスクトップ版Teamsと画面の相違はほぼありませんが、アプリをインストールする必要がないというメリットがあります。また、デスクトップ版はアプリが立ち上がるまでに時間がかかりますが、ブラウザー版はブラウザーさえ起動していればすぐにTeamsを開くことができます。しかし、使っているブラウザーによっては機能が制限される場合があるので、ブラウザー版での利用を検討する際は、あらかじめ確認しておきましょう。詳しくは下記の表を参照してください。

●ブラウザー版Teamsの画面

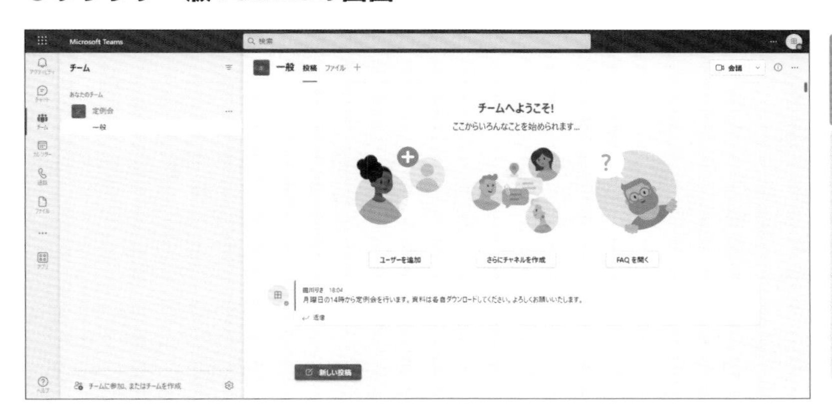

	Microsoft Edge（RS2以降）	Google Chrome（バージョン72以前）	Firefox	Safari 13以降
制限されている機能など	発信共有、送信共有はサポート対象外です。	画面共有はサポート対象外です（完全なサポートを受けるにはプラグインの使用や拡張機能の設定が必要です）。	Teams会議へ参加することができません。 1対1の音声ビデオ通話をすることができません。	1対1の音声ビデオ通話をすることができません。

Section 05

Essentials非対応

チームとチャネルについて

Teamsには「チーム」と「チャネル」という2つの種類のグループがあります。構造としては、チームの方が大きい単位になっており、その中に複数のチャネルを作成できるといったものになっています。

チームとチャネルの違い

Teamsのチームとは、部署やオフィスなど、大きな単位でまとめられたグループです。Teamsで作業するときは、まずチームを作成して大きなまとまりを作るとよいでしょう。Teamsでのチームの画面では、チームごとにチャットやファイルのやり取りの情報を見ることができます。なお、チームよりもさらに大きな単位が「組織」です。

一方チャネルとは、チーム内でさらに細かく分けたグループとなります。同じ部署でもプロジェクトごとや、さらに細かいグループごとに分けたり、話題を整理したりするためにチャネルを作成します。

チームとチャネルの階層構造によって、グループが管理しやすくなっており、自分に関係のあるチームやチャネルを中心に内容を確認しておくことができます。そうすることによって、グループ内での情報共有や対応などをスムーズに行うことができます。詳しい解説については、チームは第8章、チャネルは第7章を参照してください。

●チームとチャネルの階層構造

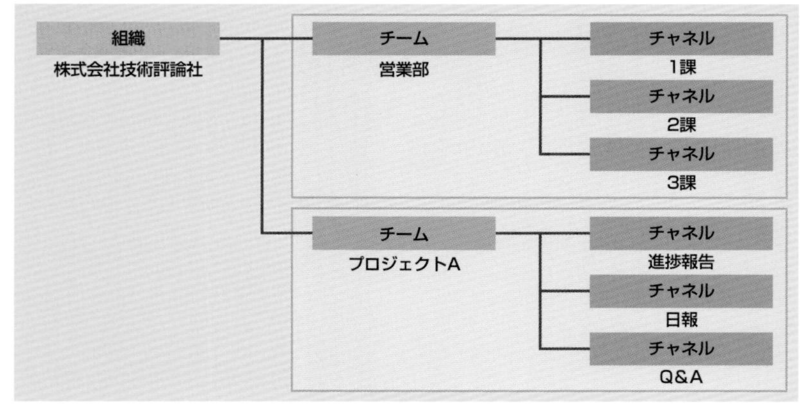

第2章

チームに参加する

Section 06

招待メールで組織外のチームに参加する

OutlookやGmailなど勤務先や通常のメールアカウントを持っていれば、Teamsのチームにゲストとして参加することができます。組織外のチームに招待されると、招待メールが届くので、メール内のリンクから参加しましょう。

招待メールでチームにゲスト参加する

① 招待メールが届いたら［Microsoft Teamsを開く］をクリックします。

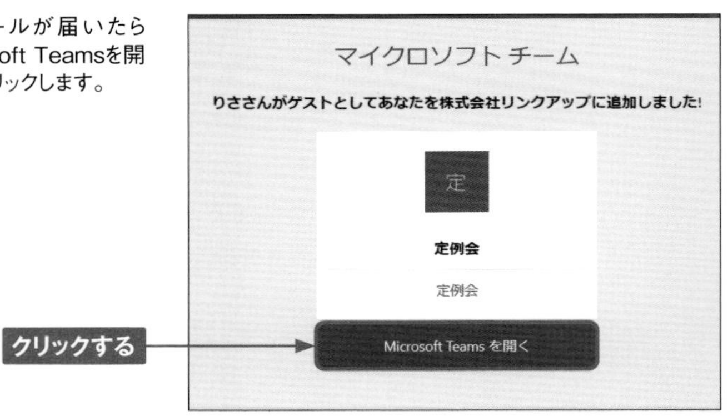

② ［承諾］をクリックします。

同意することにより、この組織に次の操作を行うことを許可します。

プロフィール データを受信する
プロフィール データとは、名前、メール アドレス、写真を意味します

アクティビティを収集してログに記録する
アクティビティ データとは、アプリとリソースに関連付けられているアクセス、使用状況、コンテンツを意味します

プロフィール データとアクティビティ データを使用する
このデータは、アプリとリソースへのアクセスと使用、およびポリシーに従ってアカウントの作成、制御、管理を行うために使用される場合があります

株式会社リンクアップ が信頼できる場合に限って同意するべきです。**株式会社リンクアップ では、そのプライバシーに関する声明を確認するためのリンクが指定されていません。**
https://myaccount.microsoft.com/organizations でこれらのアクセス許可を変更できます。
詳細情報

このリソースは Microsoft によって共有されていません。

クリックする
キャンセル
承諾

③ ここでは［代わりにWebアプリを使用］をクリックします。

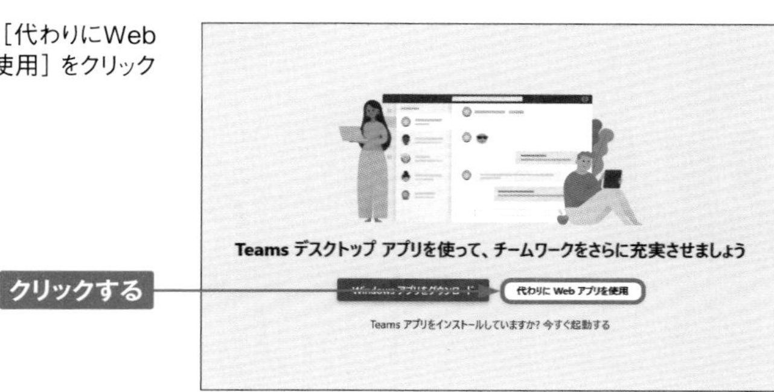

④ ［次へ］を3回クリックして、［参加する］をクリックします。

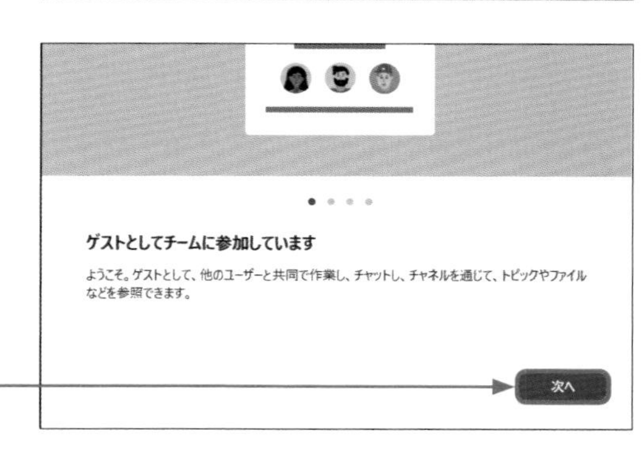

⑤ 招待されたチームにゲストとして参加できます。

Memo ゲスト参加で利用できる機能

ゲストとしてチームに参加すると、「チャネルの作成」、「プライベートチャットへの参加」、「チャネルの会話に参加」、「メッセージの投稿・削除・編集」、「チャネルファイルの共有」、「SharePointファイルへのアクセス」、「ファイルの添付(チャネルのみ)」、「プライベートチャットファイルのダウンロード」といった機能を利用できます。ただし、Teams管理者やチーム所有者によって制御される機能もあります。

Section 07

アプリをインストールする

Teamsにはブラウザー版とデスクトップ版があります。Teamsを最大限に活用するためにはデスクトップ版の利用がおすすめです。ここでは、職場／学校向けのデスクトップ版アプリのインストール方法を解説します。

デスクトップ版アプリをダウンロードする

① Webブラウザーで Teamsの公式サイト（https://www.microsoft.com/ja-jp/microsoft-365/microsoft-teams/group-chat-software）にアクセスし、［Teamsをダウンロード］をクリックします。

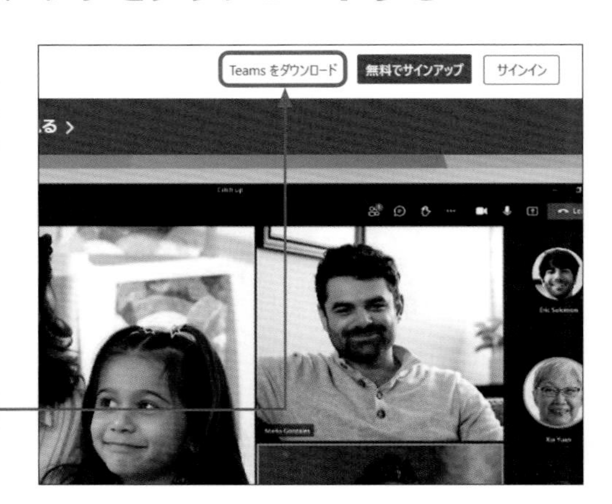

クリックする

② ［デスクトップ版をダウンロード］をクリックします。

Microsoft Teams をダウンロード

Teams でどこからでも、誰とでも、つながってコラボレーション。

クリックする

デスクトップ版をダウンロード　モバイル版をダウンロード

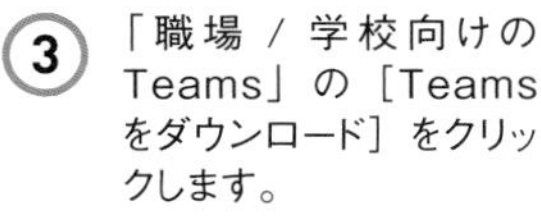
③ 「職場 / 学校向けの Teams」の［Teams をダウンロード］をクリックします。

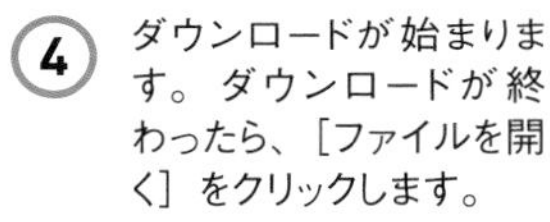
④ ダウンロードが始まります。ダウンロードが終わったら、［ファイルを開く］をクリックします。

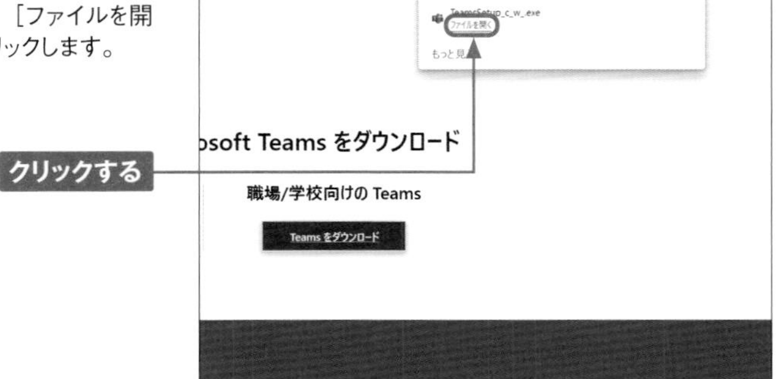

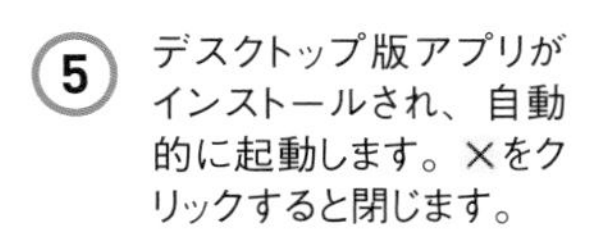
⑤ デスクトップ版アプリがインストールされ、自動的に起動します。×をクリックすると閉じます。

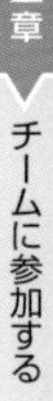

Section 08

Teamsにログインする

デスクトップ版アプリがインストールできたら、早速Teamsにログインしてみましょう。なお、Teamsにログインするには、ライセンスの割り当てられたMicrosoftアカウントでサインインする必要があります。

Teamsにログインする

1 P.21手順⑤の画面で［開始する］をクリックします。

2 ライセンスが割り当てられたメールアドレスを入力し、［次へ］をクリックします。

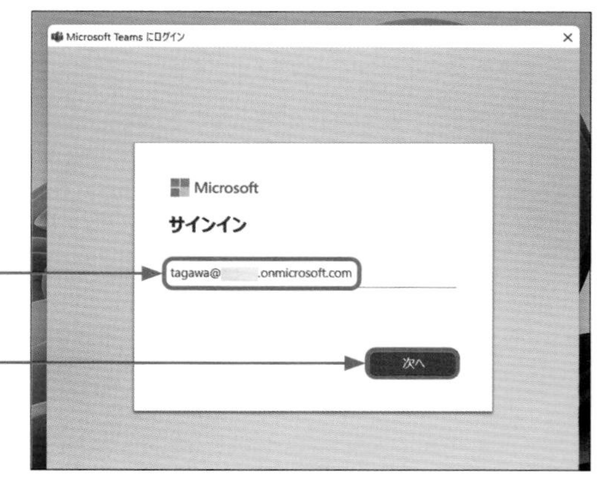

3 パスワードを入力し、[サインイン]をクリックします。

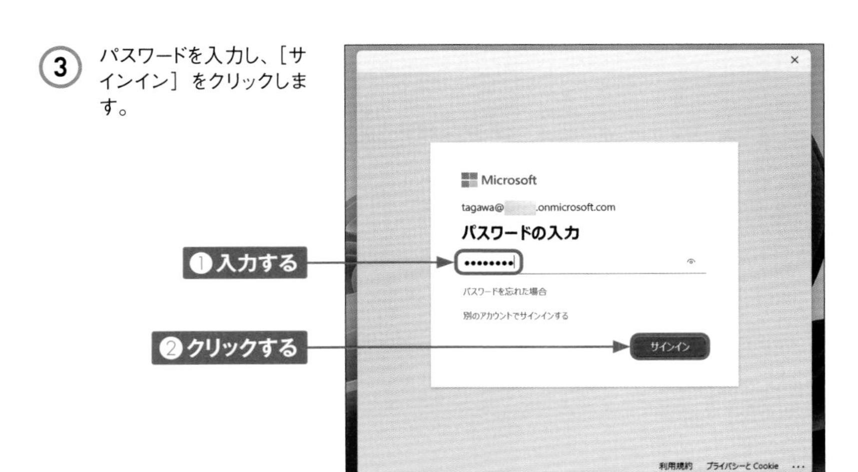

4 [OK]→[完了]の順にクリックします。初回サインイン時は[始めましょう!]をクリックします。

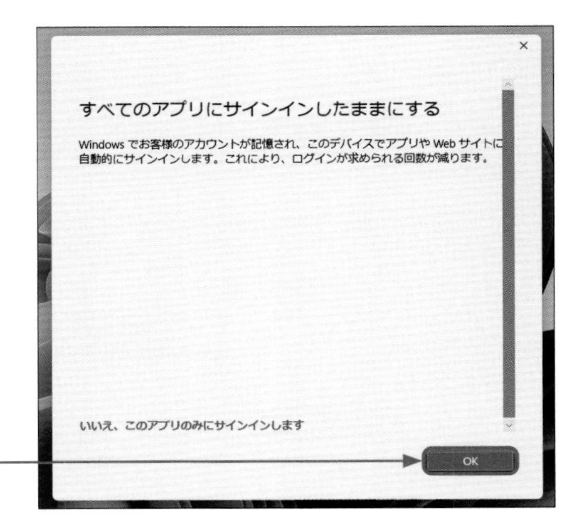

5 Teamsにログインできます。

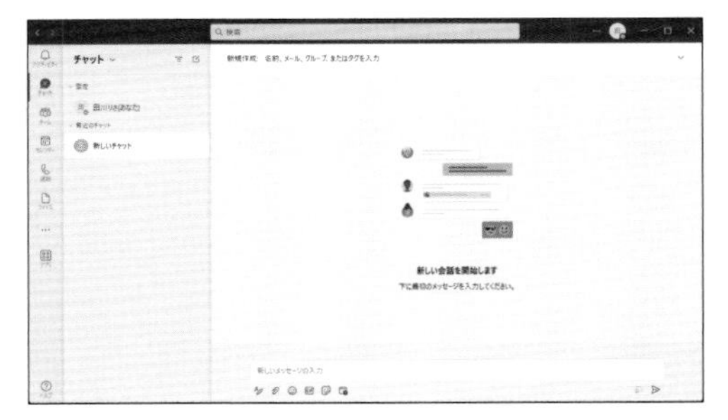

第2章 チームに参加する

Section 09 プロフィール画像を設定する

Teamsにログインできたら、プロフィール画像を設定してみましょう。Teamsで設定したプロフィール画像はMicrosoft 365のアプリでも適用されます。ひと目で自分だとわかるプロフィールアイコンにしておくとよいでしょう。

プロフィールアイコンを編集する

① 画面右上のプロフィールアイコンをクリックします。

クリックする

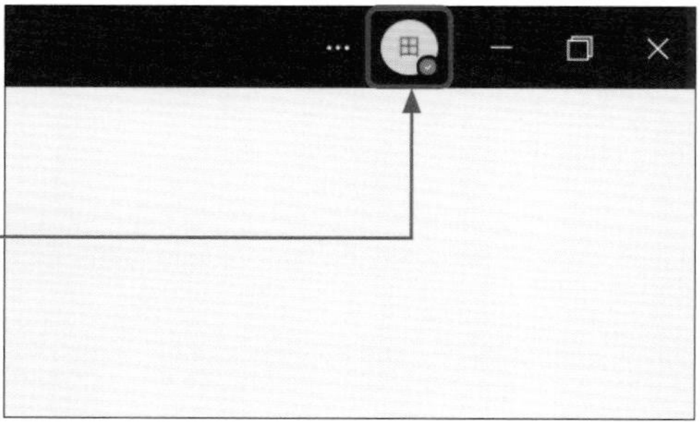

② プロフィールアイコンをクリックします。

クリックする

田川りさ
tagawa@ .onmicrosoft.com
連絡可能 ステータス メッセージを設定
保存済み
アカウントの管理
個人用アカウントの追加
サインアウト

③ ［画像をアップロード］をクリックします。

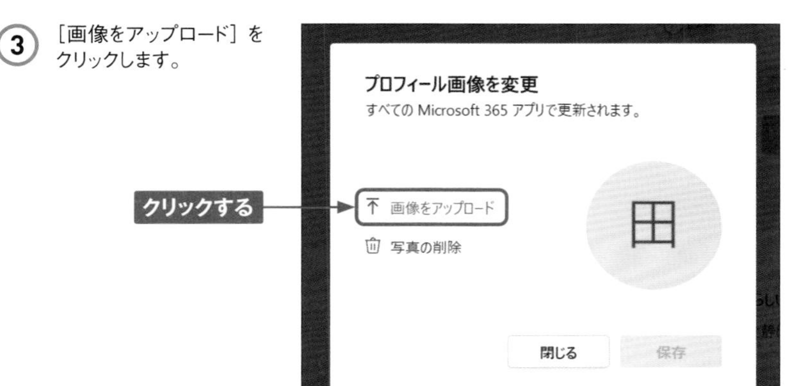

④ 任意の画像をクリックして選択し、［開く］をクリックします。

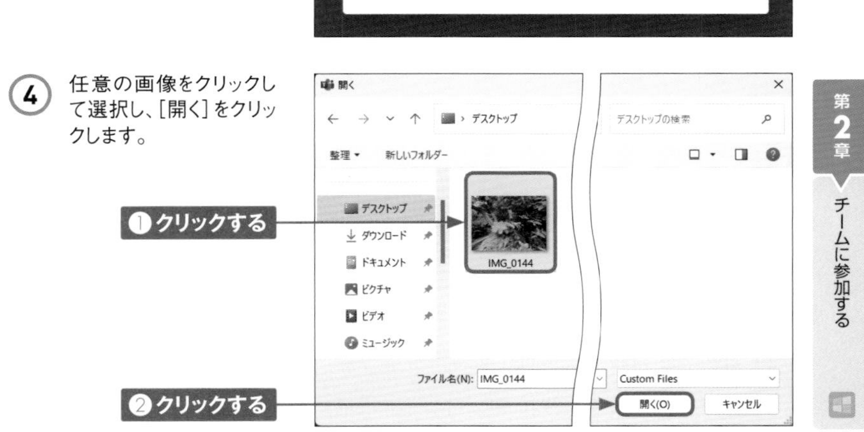

⑤ ［保存］をクリックすると、プロフィールアイコンが更新されます。

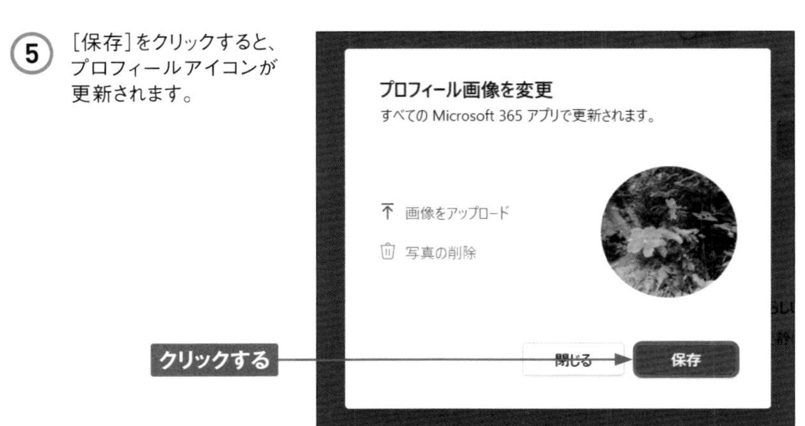

Section 10

基本画面を確認する

Teamsにサインインしたら、基本画面とメニューバーの各画面を確認しましょう。ここでは、職場／学校向けのデスクトップ版アプリの画面で解説しています。なお、メニューバーはドラッグすることで位置を入れ替えることができます。

Teamsの画面構成

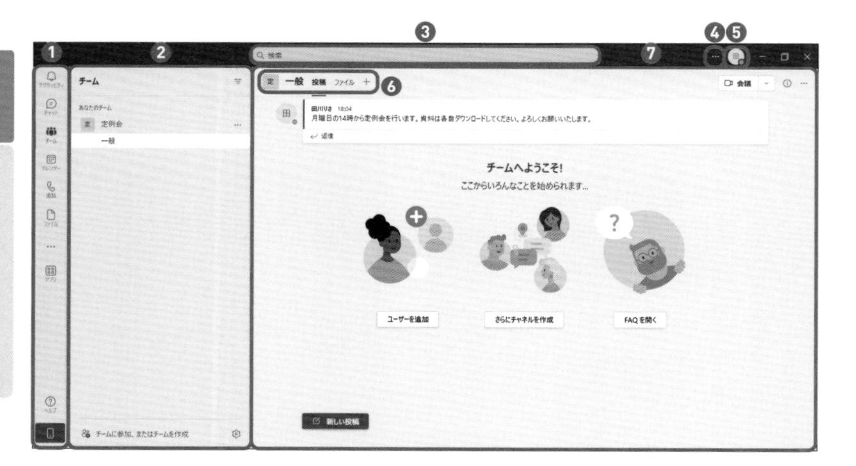

❶メニューバー	各メニューにアクセスできます（P.27 ～ 28参照）。
❷チームリスト	参加しているチームやチャネルが表示されます。
❸検索	メンバーやキーワードなどを検索できます。
❹設定	Teamsの各種設定が行えます。
❺プロフィールアイコン	プロフィールの編集やアカウントの管理が行えます。
❻タブ	アプリやファイルをタブとして追加できます。
❼ワークスペース	内容を投稿したり、投稿された内容を見たりできます。

メニューバーの各画面

●アクティビティ

メニューバーの[アクティビティ]をクリックすると、メンションや投稿した内容への返信、着信、チームへの招待など、新着情報が表示されます。表示される数値は届いている通知の数です。

●チャット

メニューバーの［チャット］をクリックすると、メンバーを指定して個別にやり取りすることができます。テキストや絵文字のほか、ファイルやGIF画像を送ることも可能です。チャット画面から通話を発信することもできます。

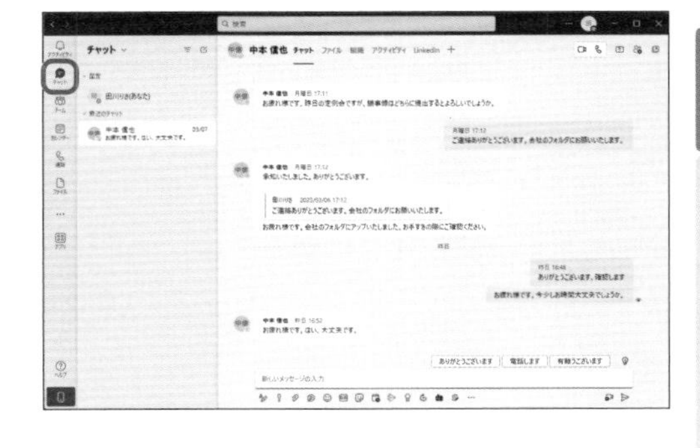

●チーム

メニューバーの[チーム]をクリックすると、参加しているチームやチャネルが表示されます。チームやチャネルを作成したり、メンバーを招待したり、チーム内のメンバーとやり取りしたりすることができます。

●カレンダー

メニューバーの［カレンダー］をクリックし、［今すぐ会議］をクリックすると、その場でビデオ会議や音声通話による会議が開始されます。日時や参加者を指定してビデオ会議をカレンダーに設定することもできます。

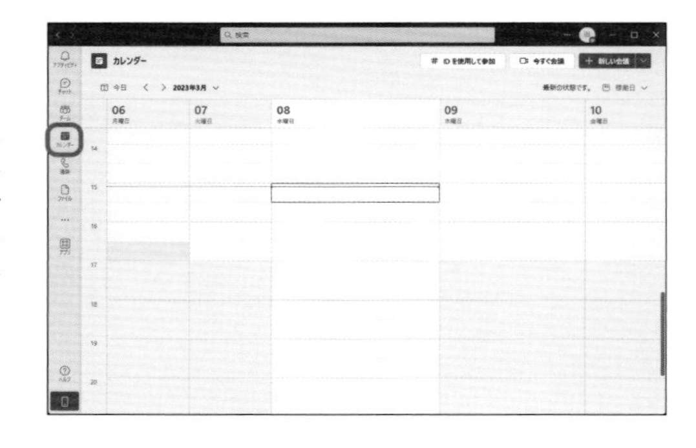

●通話

メニューバーの［通話］をクリックすると、Teamsを利用しているメンバーどうしで音声通話ができます。複数人と通話したり、ビデオ通話に切り替えたりすることも可能です。

●ファイル

メニューバーの［ファイル］をクリックすると、チーム内のメンバー全員が同じファイルにアクセスできるようになります。「Dropbox」、「Box」、「Egnyte」、「Google Drive」などのクラウドストレージを追加できるようになっています。

第3章

メッセージでやり取りする

Section 11

Essentials非対応

チャネルに参加する

チャネルに参加すると画面中央にワークスペースが表示され、メンバーとメッセージのやり取りを行うことができます。作成したチャネルは、初期状態で非表示になっている場合があるので、チームリストに表示すると参加しやすくなります。

チャネルをチームリストに表示する

① ［チーム］をクリックし、参加したいチャネルがあるチーム名をクリックします。

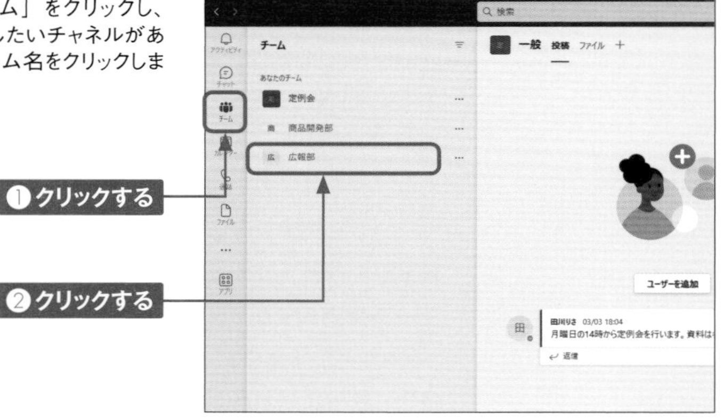

② チャネルの一覧が表示されます。参加したいチャネルが一覧に表示されない場合は、［○つの非表示チャネル］をクリックします。

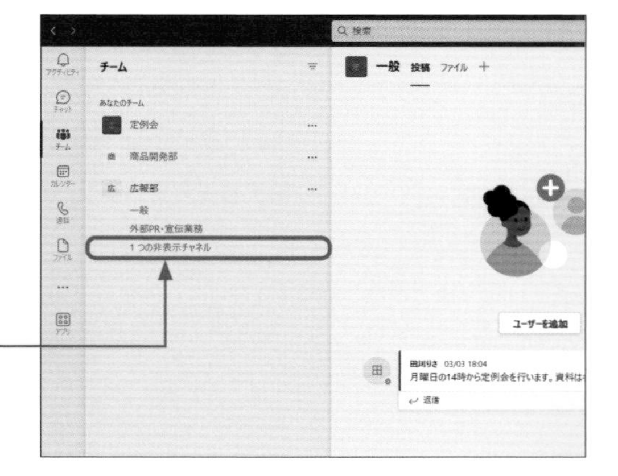

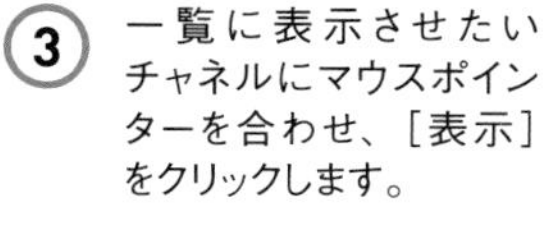

③ 一覧に表示させたいチャネルにマウスポインターを合わせ、[表示]をクリックします。

④ チャネルがチームリストに表示されました。

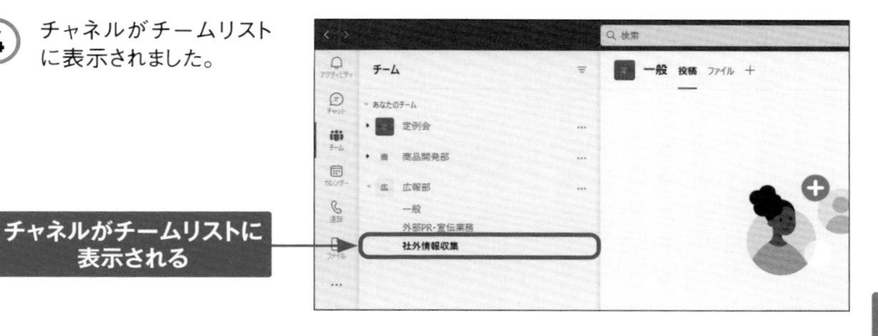

チャネルのワークスペースを表示する

① チームリストから、参加したいチャネルをクリックします。

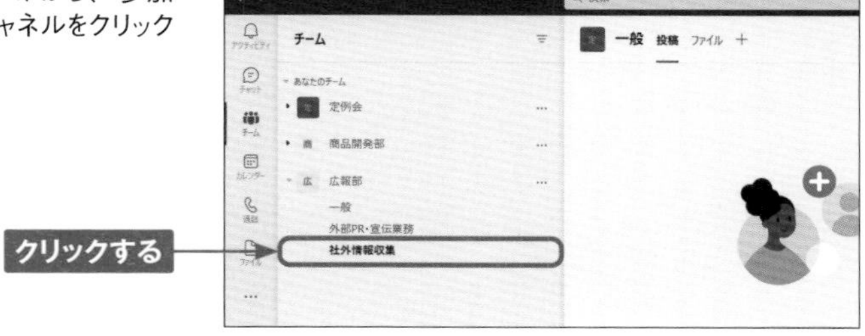

② 参加するチャネルのワークスペースが表示されます。

Section 12 メッセージを読む

チャネルやチャットに参加するほかのメンバーからメッセージが届いたときは、ワークスペースを表示してメッセージを読みましょう。未読のメッセージがあるチャネルやチャットの名前は、太字で表示されます。

メッセージを読む

① メッセージが届くと、チャネルの名前が太字で表示されます。メッセージを読むチャネルをクリックします。

② ワークスペースにメッセージが表示されます。最初の未読メッセージの上には「最後の既読」というバーが表示されます。

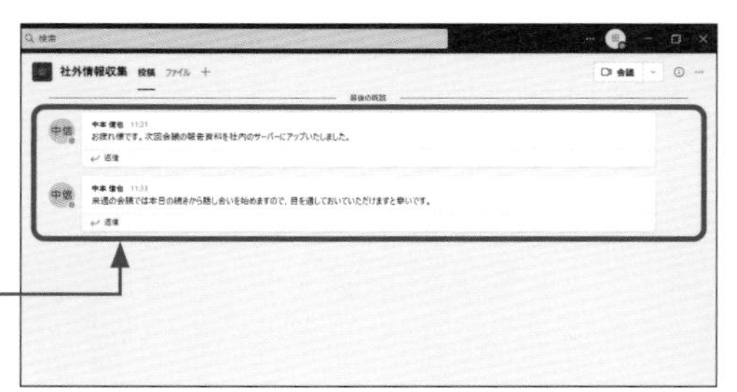

第3章 メッセージでやり取りする

Memo アクティビティからも未読メッセージが確認できる

チャネルの通知がオンになっている場合は、メッセージが届くと「アクティビティ」に数字が付きます。［アクティビティ］をクリックし、［○○さんが投稿しました］をクリックすることでもメッセージを読むことができます。

Section 13

メッセージを送信する

ワークスペースからチャネルやチャットに参加するメンバーにメッセージを送信しましょう。自分が送信したメッセージには青いバーが表示されます。ここでは、メンバーのメッセージに返信する方法もあわせて紹介します。

メッセージを送信する

1 メッセージを送りたいチャネルを表示し、［新しい投稿］→［新しい会話を開始します。@を入力して、誰かにメンションしてください。］の順にクリックします。

クリックする

2 メッセージを入力し、▷をクリックします。

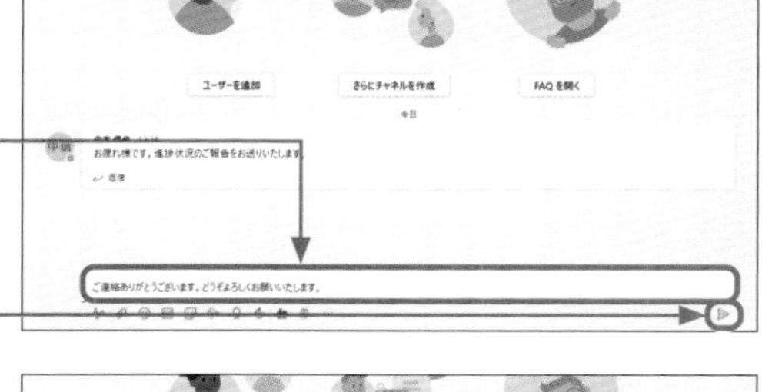

①入力する

②クリックする

3 メッセージが送信されます。

メッセージに返信する

① 返信したいメッセージを表示し、[返信] をクリックします。

② テキストボックスが表示されます。[返信]をクリックします。

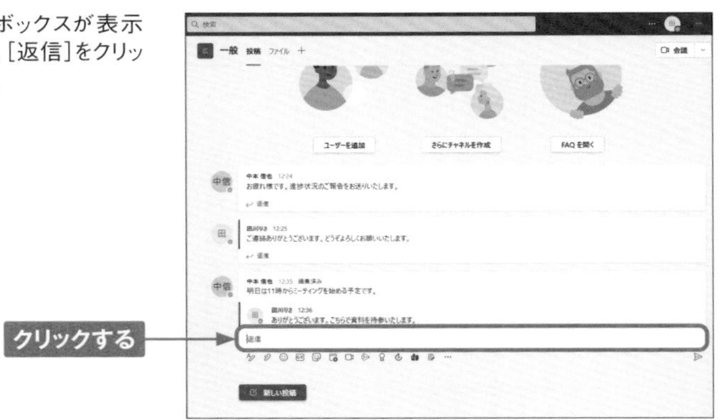

③ 返信するメッセージを入力します。

4. ⊳をクリックします。

クリックする

5. 返信メッセージが送信されます。

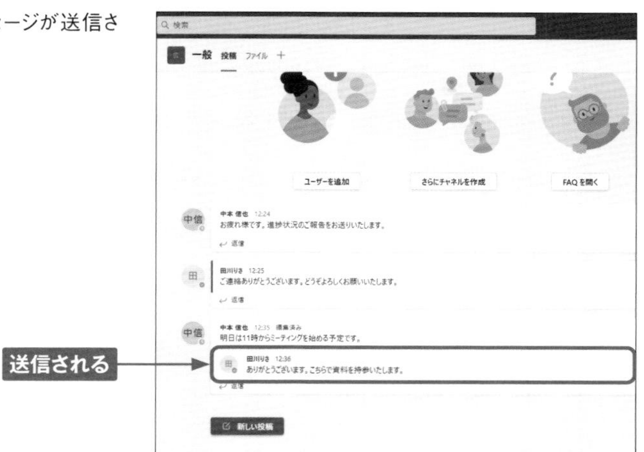

Memo 自分が送信したメッセージ

自分が送信したメッセージには、左側に青いバーが表示されます。返信メッセージも、通常のメッセージでも同様に表示されます。

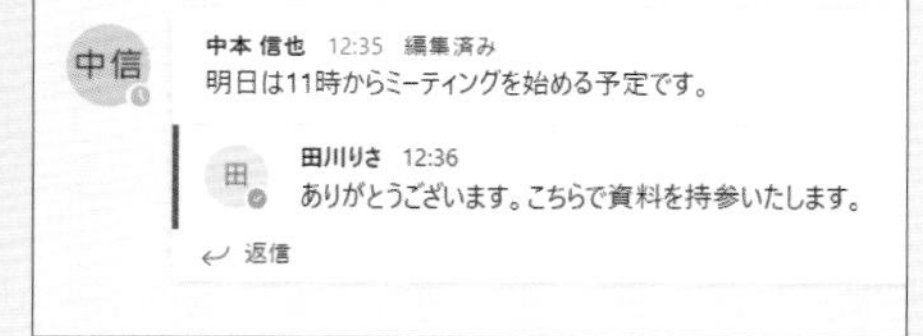

Section 14

メッセージを装飾する

メッセージは、長文になると読みにくくなってしまうことがあります。適度に文字を装飾することで、重要なところを強調させることができるので必要に応じて活用しましょう。

絵文字を送る

1. ［新しい投稿］→☺の順にクリックします。

クリックする

2. 送りたい絵文字をクリックします。

クリックする

3. ▷をクリックすると、動く絵文字が送信されます。

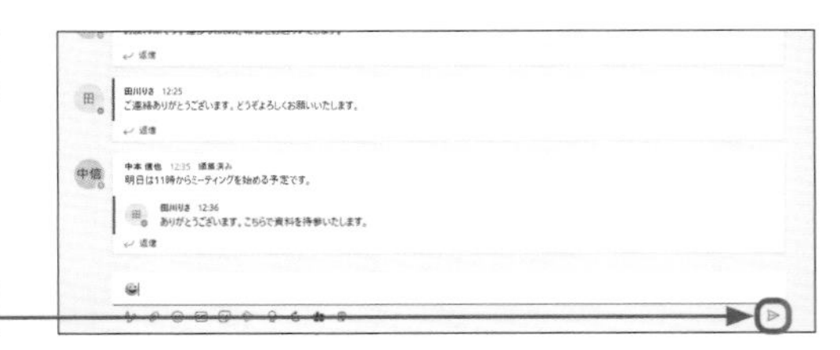

クリックする

メッセージを装飾する

① ［新しい投稿］→ ![]の順にクリックします。

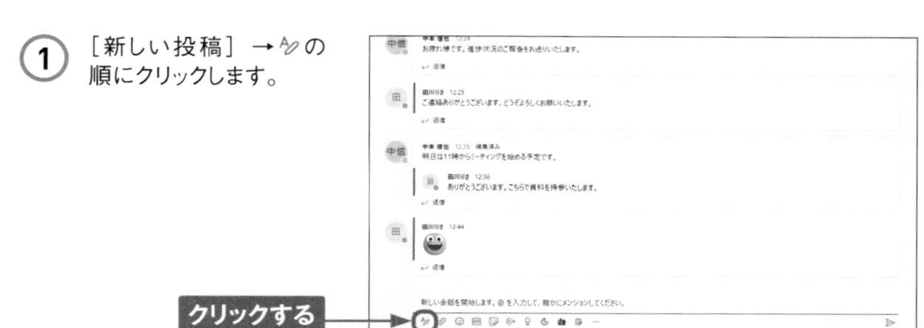

② 件名とメッセージを入力します。

③ 装飾したい文字を選択し、変更する書式（ここでは **B**）をクリックします。

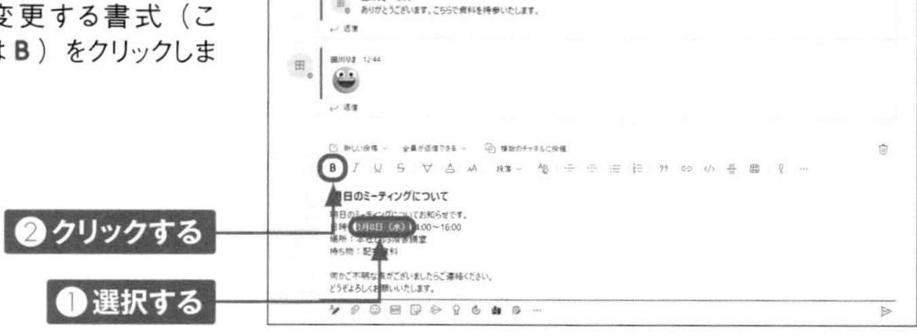

④ 文字が装飾されます。▷をクリックして送信します。

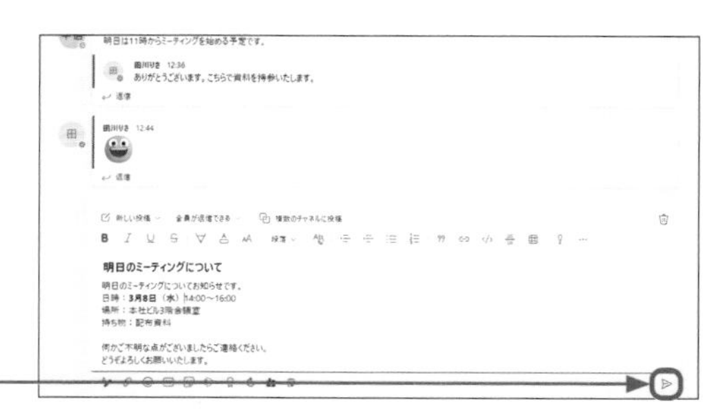

Section 15

重要なメッセージにマークを付けて送る

メッセージのやり取りが多くなると、大切なメッセージが流れてしまい、見逃されてしまうことがあります。チャネルやチャットに参加するメンバーに必ず確認してもらいたい重要なメッセージにはマークを付けましょう。

重要なメッセージを送る

1 ［新しい投稿］→ の順にクリックします。

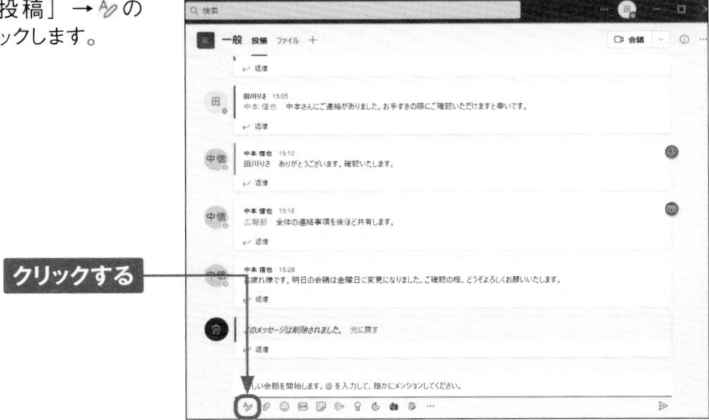

2 …をクリックします。

3 ［重要としてマーク］をクリックします。

4 メッセージの左側に赤いバーと「重要!」という文字が表示されます。メッセージを入力し、▷をクリックします。

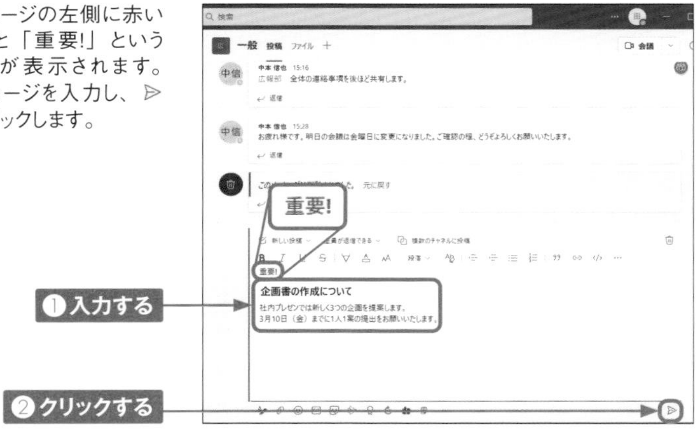

5 重要なメッセージが送信されます。重要なマークを付けたメッセージには❗が表示されます。

Section 16

ファイルを送信する

業務に必要なファイルのやり取りをメッセージの送信と同時に行うことで、チャネルやチャットに参加するメンバー全員と共有することができます。送信されたファイルは画面上部の［ファイル］をクリックすると一覧表示できます。

ファイルを送信する

① ［新しい投稿］→ 📎 の順にクリックします。

② 送信するファイルの場所を指定します。ここでは［コンピューターからアップロード］をクリックします。

③ 送信するファイルをクリックして選択し、［開く］をクリックします。

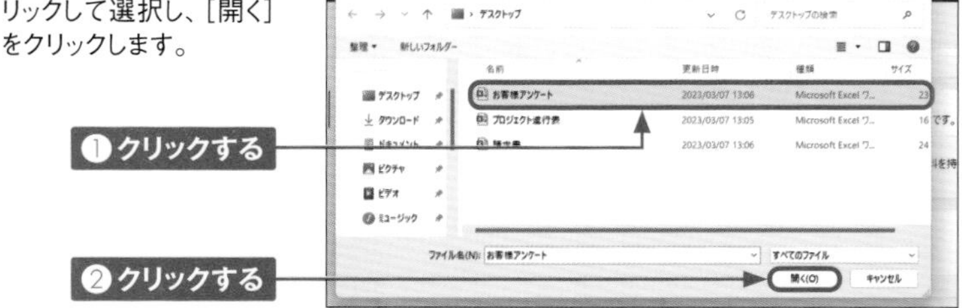

4 メッセージにファイルが添付されます。任意でメッセージを入力し、▷をクリックします。

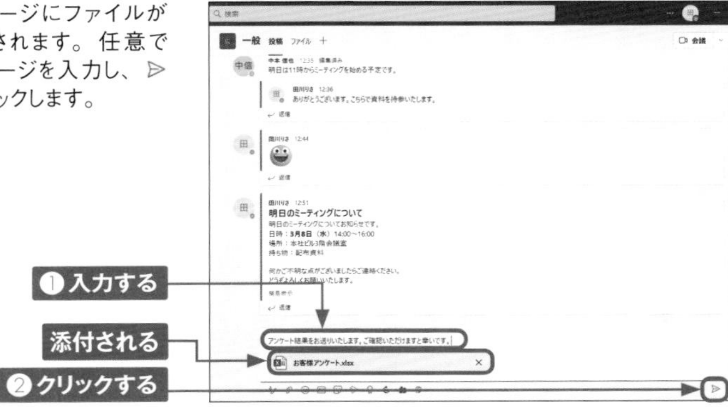

5 ファイルが送信されます。

Memo 受信したファイルを確認する

ほかのメンバーから受信したファイルは、ファイル名をクリックすると、プレビューでファイルが開きます。Officeファイルをウェブ版のMicrosoft 365などで開いたり、ダウンロードしたりしたい場合は、…をクリックし、表示されるメニューの中から任意の動作をクリックして選択します。

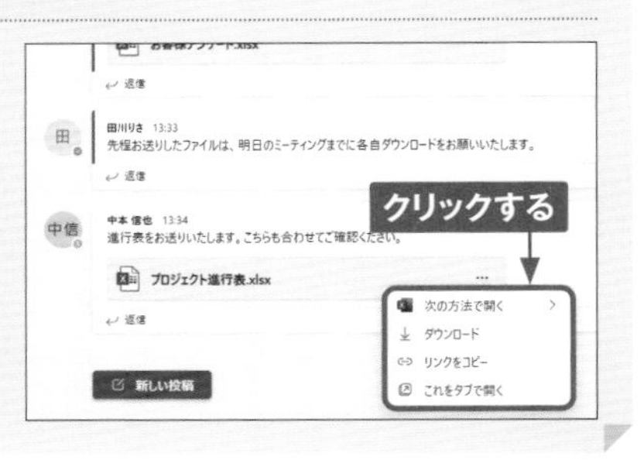

Section 17

Essentials非対応

チーム全員に緊急のお知らせを送る

チームのメンバー全員にすぐに読んでもらいたい緊急のお知らせは、メッセージをアナウンスにして送信しましょう。大きな見出しとサブヘッドが挿入され、メッセージを目立たせることができます。

アナウンスを送る

① ［新しい投稿］→ の順にクリックします。

クリックする

② ［新しい投稿］→［アナウンス］の順にクリックします。

③ 見出しとサブヘッドが挿入されます。■をクリックすると見出しの配色を変更でき、■をクリックすると見出しの背景を任意の画像にすることもできます。

④ 見出し、サブヘッド、アナウンスの内容を入力し、▷をクリックします。

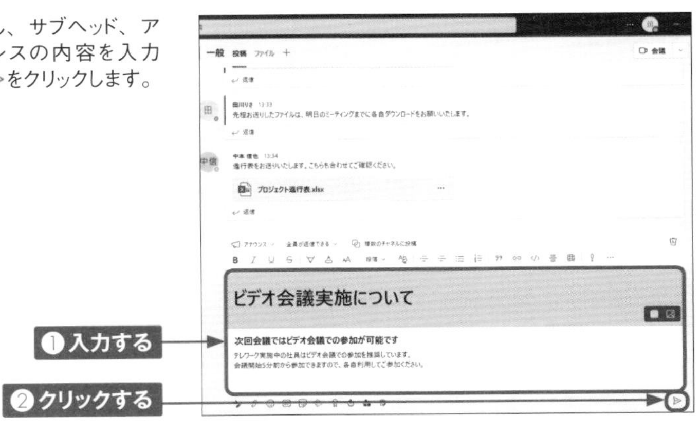

⑤ アナウンスが送信されます。アナウンスには■が表示されます。

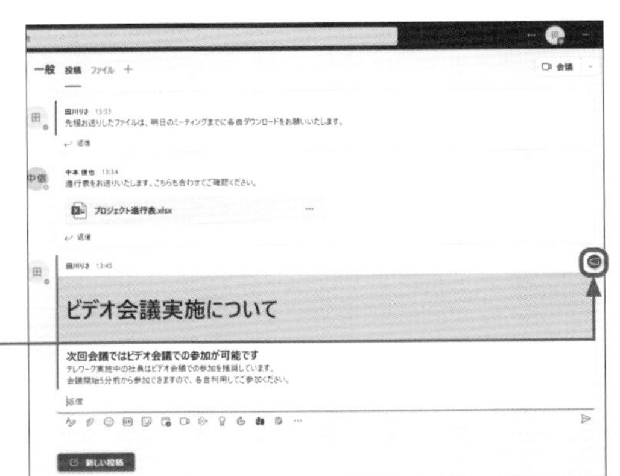

Section 18

Essentials非対応

特定の相手にメッセージを送る

特定の相手に指示を出したいときなどには、メンション機能を利用しましょう。メッセージに「@」を付けるだけでかんたんに設定することができます。特定の個人以外にもチームやチャネルを設定することもできます。

メンションを設定する

1 ［新しい投稿］→［新しい会話を開始します。@を入力して、誰かにメンションしてください。］の順にクリックします。

ビデオ会議実施について

次回会議ではビデオ会議での参加が可能です

クリックする

2 「@」を入力すると、連絡先の候補が表示されます。メンションする相手が表示されない場合は、名前の一部も入力しましょう。メンションする相手をクリックします。

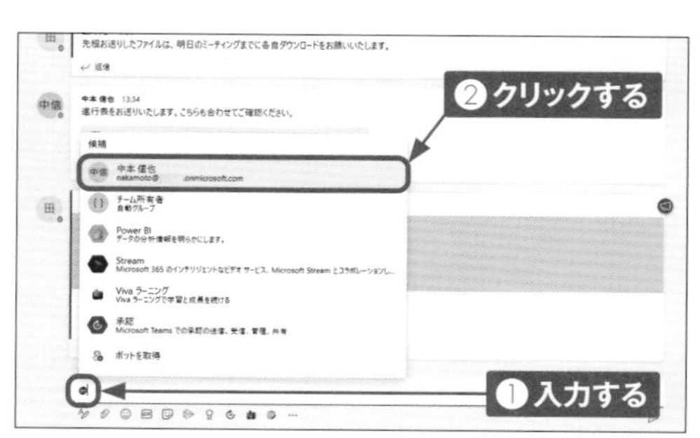

3 メンションする相手の名前が青色の文字で挿入されます。メッセージを入力し、▷をクリックします。

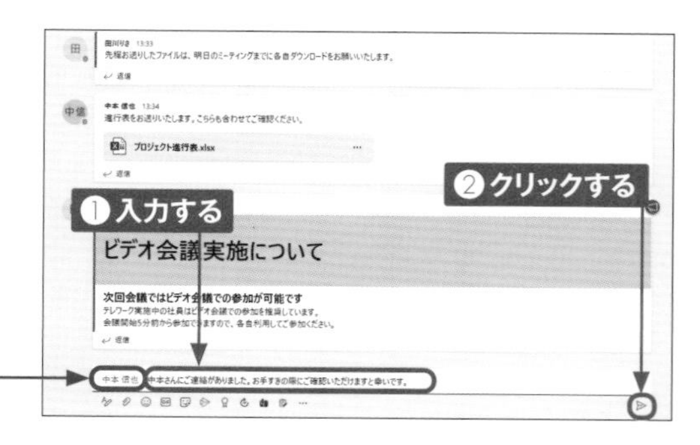

4 メンションを設定したメッセージが送信されます。

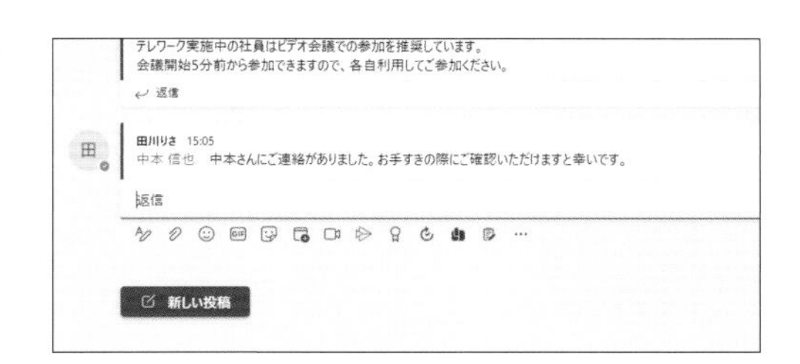

5 自分がメンションされると、「アクティビティ」、「チーム」、チャネル名にアイコンが表示されます。チャネルをクリックします。

6 メンションされたメッセージには @ が表示されます。

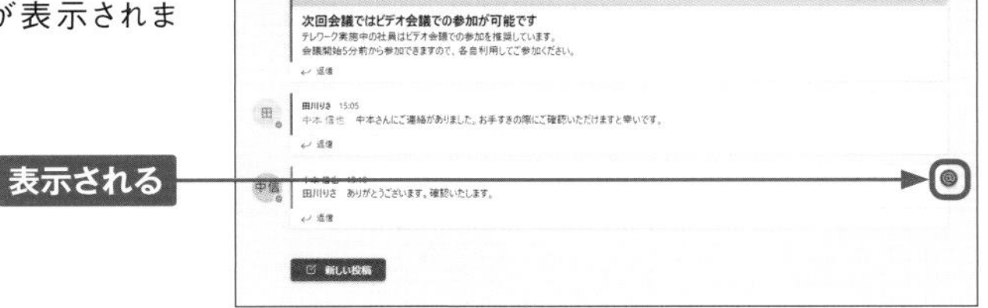

Memo メンションの種類

ここでは、「@」のあとにメンバーの名前を入力し、特定の相手にメッセージを送信しましたが、チーム名やチャネル名を入力することもできます。

@○○（チーム名）	@のあとに入力したチームのメンバー全員に通知が送信されます。
@△△（チャネル名）	@のあとに入力したチャネルのメンバー全員に通知が送信されます（チャネルの通知をオンにしている場合）。

Section 19

メッセージを検索する

過去のやり取りを確認したいときは検索機能が便利です。すべてのチーム・チャネル・チャットでのやり取りをまとめて検索できるので、どこで誰としたやり取りだったか忘れてしまったときにも役立ちます。

メッセージを検索する

① 画面上部の［検索］をクリックします。

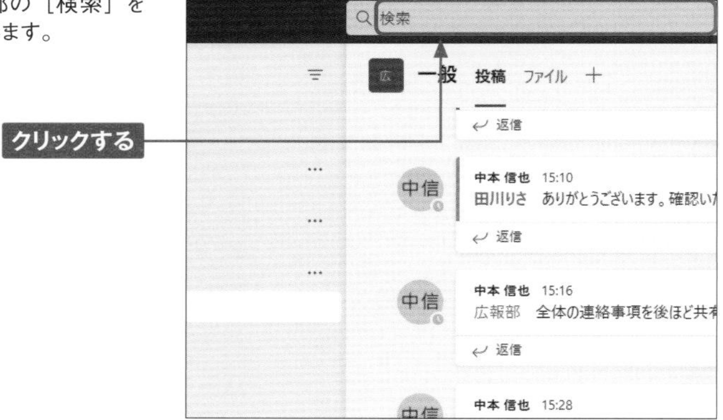

② 検索するキーワードを入力し、Enterを押します。

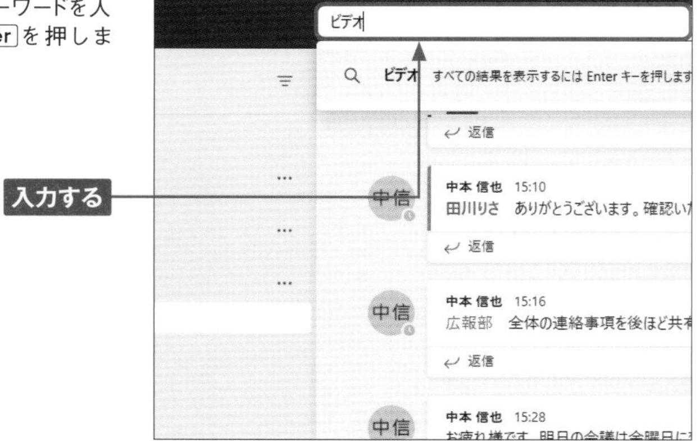

3 検索結果が「すべて」、「メッセージ」、「ユーザー」、「ファイル」に分類して表示されます。ここでは、[メッセージ]をクリックします。

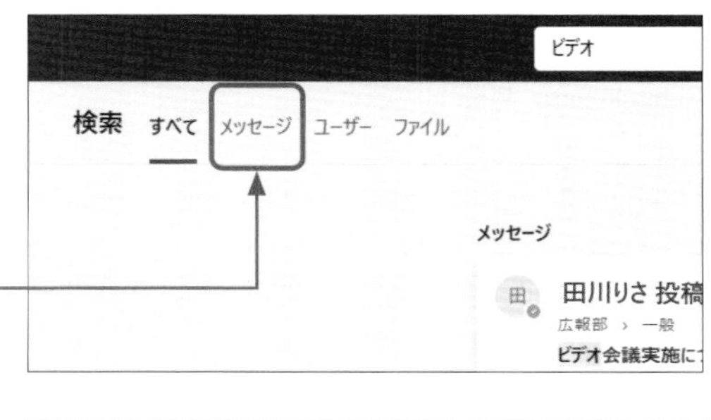

4 検索結果のメッセージをクリックします。検索結果が多すぎてメッセージが見つからない場合は、「種類」、「チームとチャネル」、「差出人」、「日付」などの項目で条件を設定することでメッセージを絞り込むことができます。

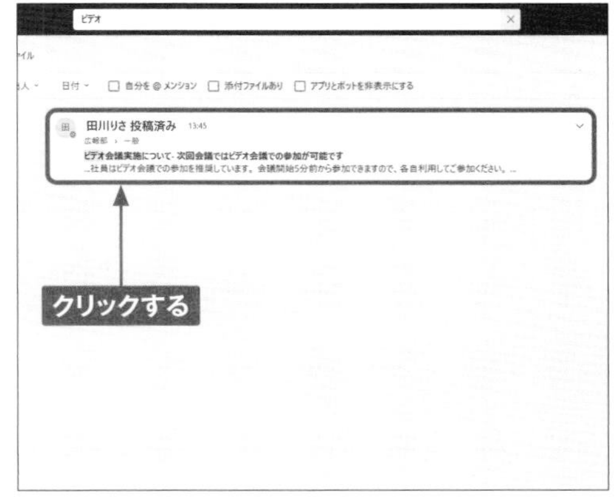

5 メッセージに移動し、ワークスペースに表示されます。

Section 20

絵文字を使ってかんたんに返事する

すべてのメッセージに返信をすることはとても大変です。Teamsでは、「いいね!」を使うことで、メッセージの返事をアイコンでかんたんに行うことができます。「いいね!」以外のアイコンを送ることも可能です。

リアクションをする

① 「いいね!」で返事をしたいメッセージにマウスポインター―を合わせます。

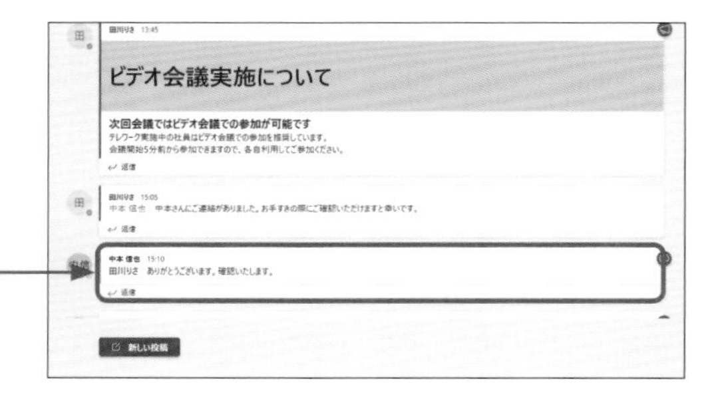

② メッセージの右上にアイコンが表示されます。

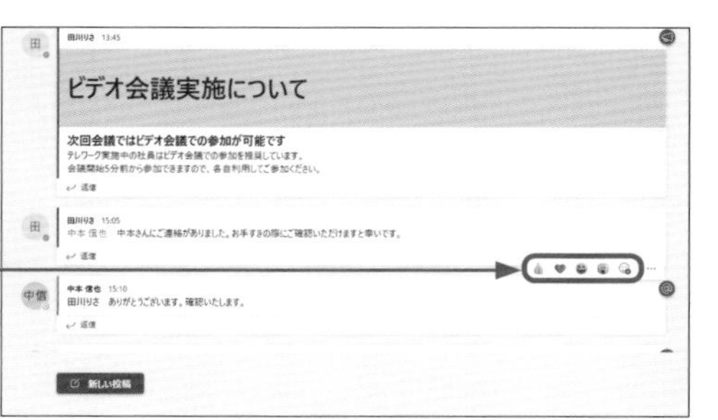

Memo 「いいね!」の種類

メッセージにマウスポインターを合わせると、「いいね!」のほかに「ステキ（♥）」、「笑い（😄）」、「びっくり（😮）」3種類のアイコンが表示されます。また、☺をクリックすると、任意の絵文字を追加することもできます。これらをうまく使い、メッセージに対して手軽に共感の気持ちを伝えてみましょう。

第3章 メッセージでやり取りする

3 左端の「いいね!」のアイコン（👍）をクリックします。

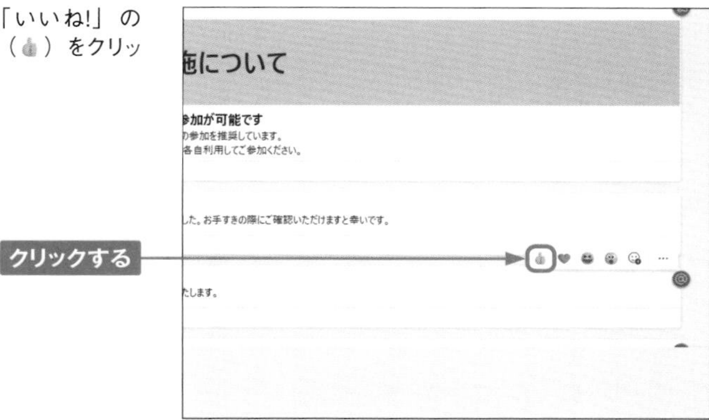

4 相手に「いいね!」が送信されます。

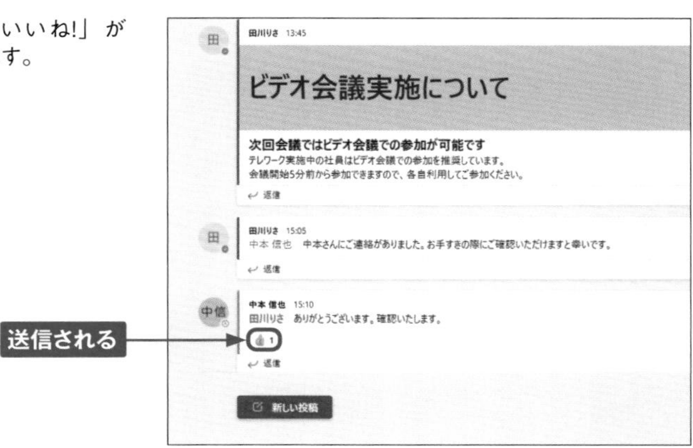

5 「いいね!」の右側には「いいね!」が送信された数が表示されます。「いいね!」にマウスポインターを合わせると、「いいね!」を送信した人の名前が表示されます。なお、クリックすると、「いいね!」を取り消すことができます。

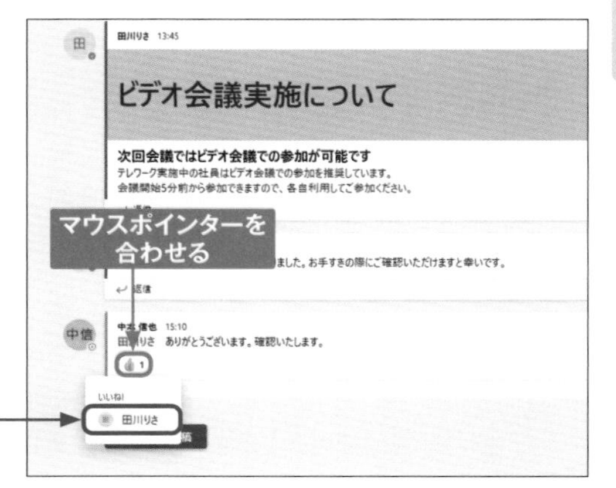

第3章 メッセージでやり取りする

Essentials非対応

Section 21 メッセージを保存する

忘れたくない重要なメッセージは、保存しておくことで、あとからまとめて確認することができます。1つのメッセージを保存すると、前後のやり取りも同時に確認することができて便利です。

メッセージを保存する

① 保存したいメッセージにマウスポインターを合わせ、…をクリックします。

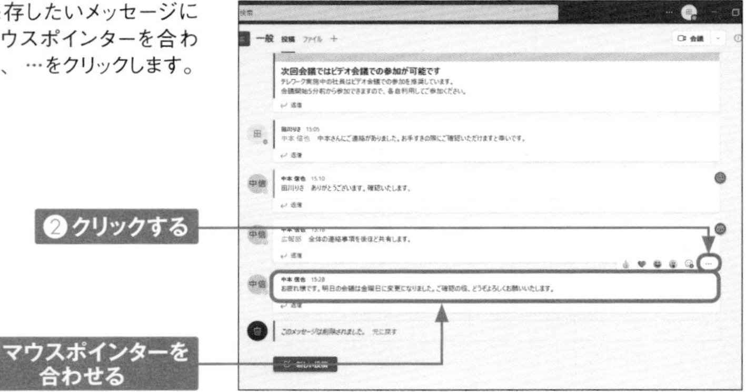

② ［このメッセージを保存する］をクリックします。

③ メッセージが保存され、自分のプロフィールアイコンの下に「保存済み」と表示されます。

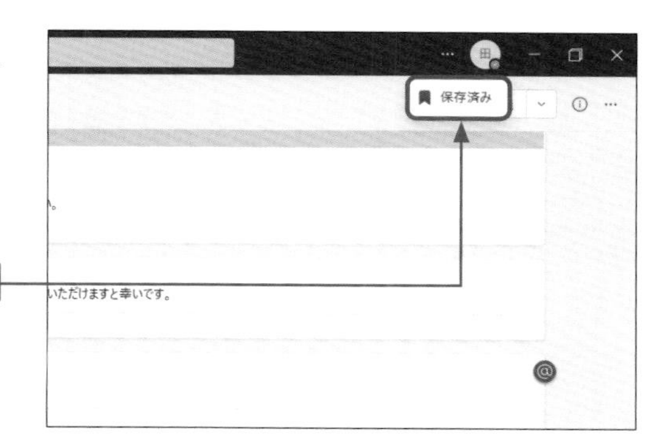

保存したメッセージを閲覧する

① 画面上部の自分のプロフィールアイコンをクリックし、［保存済み］をクリックします。

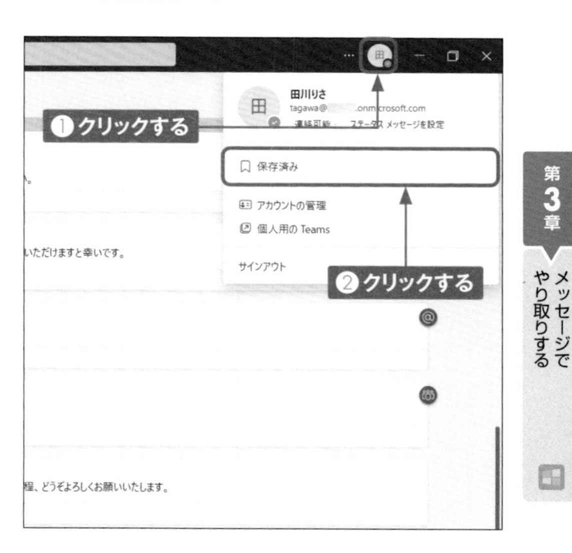

② 保存したメッセージの一覧が表示されます。メッセージをクリックすると、ワークスペースに強調して表示されます。

Section 22

チャットで1対1のやり取りをする

メンション機能（Sec.18参照）では、チャネル内で特定のメンバーにメッセージを送ることができますが、ほかのメンバーとのやり取りと混ざらないようにしたいときは、チャットを使いましょう。

1対1でチャットをする

① 画面左側のメニューバーで［チャット］をクリックします。

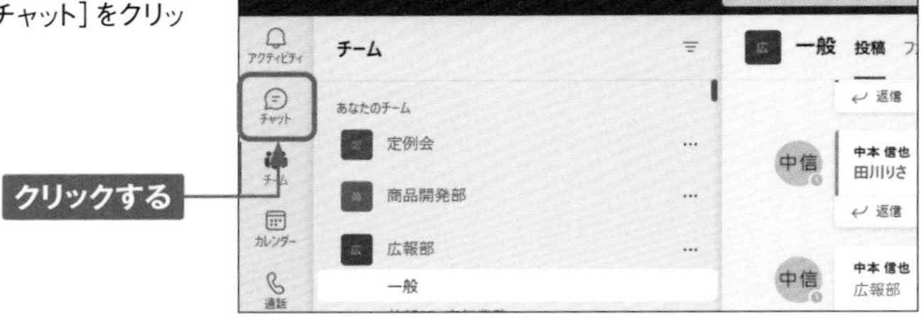

② 画面上部の をクリックします。

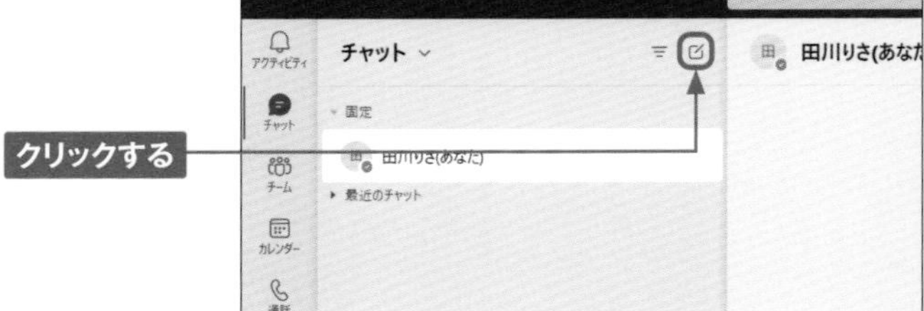

③ チャットをする相手の名前を入力し、候補に表示される相手の名前をクリックします。

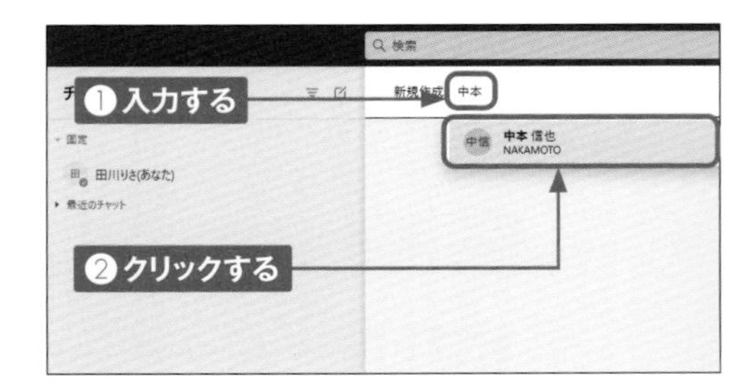

第3章 メッセージでやり取りする

④ メッセージを入力し、▷をクリックします。

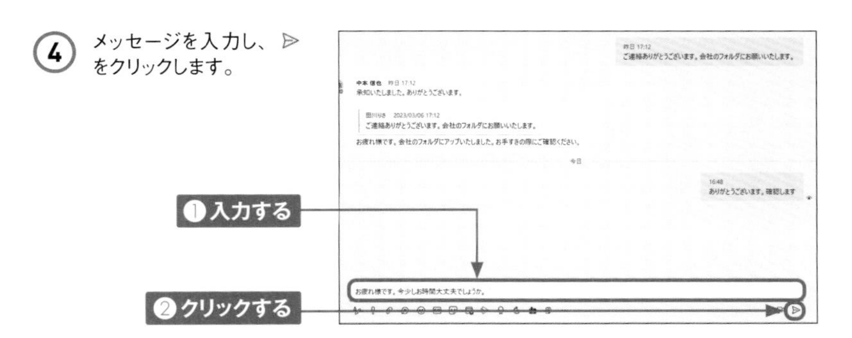

⑤ チャットにメッセージが送信されます。

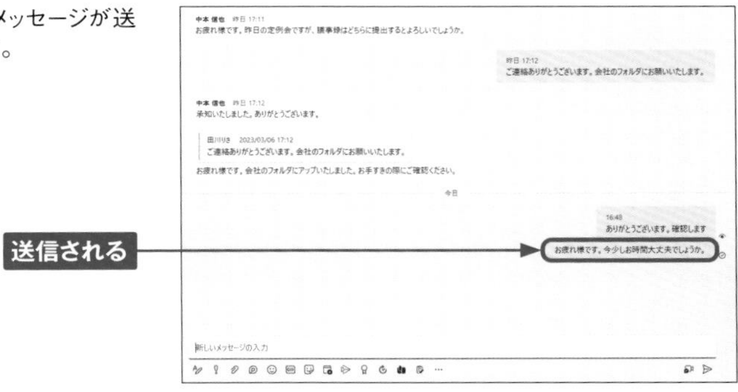

⑥ チャット以外を操作中にチャットを受信すると、「チャット」に数字が表示されます。

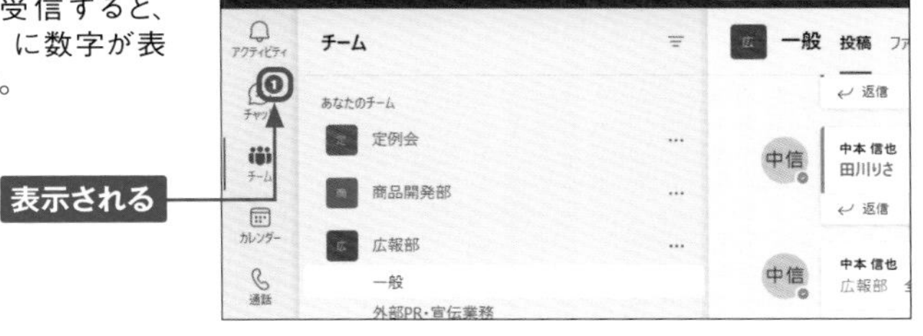

Memo Praise（賞賛）機能とは

Praise機能とは、チャットやチームでやり取りしている相手を賞賛することができる機能です。チャットまたはチーム画面でメッセージを入力し、♀をクリックします。「タイトル」を選択して（チームの場合は「宛先」に名前を入力し）、任意で「メモ」や「バックグラウンド」を設定し、［送信］をクリックすると、相手へPraise（賞賛）のバッジが送信されます。なお、Essentialsでは非対応です。

Section 23

在席状況を変更する

在席状況を変更することで、メッセージのやり取りが可能かどうか現在の自分の状況をほかのメンバーに伝えることができます。ここでは、在席状況の種類もあわせて解説します。

在席状況の種類

Teamsでは、メッセージやチャットのプロフィールアイコンに現在の在席状況を示すアイコンが表示されています。このアイコンを確認することで、ほかのメンバーに連絡を取りたいときに、すぐにやり取りができるかどうかなどをかんたんに知ることができます。現在の在席状況は、Outlookの予定表やパソコン、スマートフォンの利用状況と連動して自動的に変更され、常に画面上で確認できます。なお、在席状況は任意で変更することもでき、自動で変更される在席状況よりも優先して表示されます。在席状況を示すアイコンは、自動で変更されるときのほうが種類が豊富で、より詳細な在席状況が伝わります。また、1つのアイコンが複数の在席状況に使われていることもあります。詳細を知りたいときは、メンバーのプロフィールアイコンにマウスポインターを合わせると在席状況が表示されます。

	任意で変更	自動で変更		任意で変更	自動で変更
	連絡可能	連絡可能		退席中 一時退席中	退席中 ○○（時刻）
	―	連絡可能 外出中		―	オフライン
	取り込み中	取り込み中 通話中 会議中		―	状態不明
	―	通話中 外出中		―	不在時
	応答不可	発表中			

在席状況を変更する

1 自分のプロフィールアイコンをクリックし、在席状況（ここでは［連絡可能］）をクリックします。

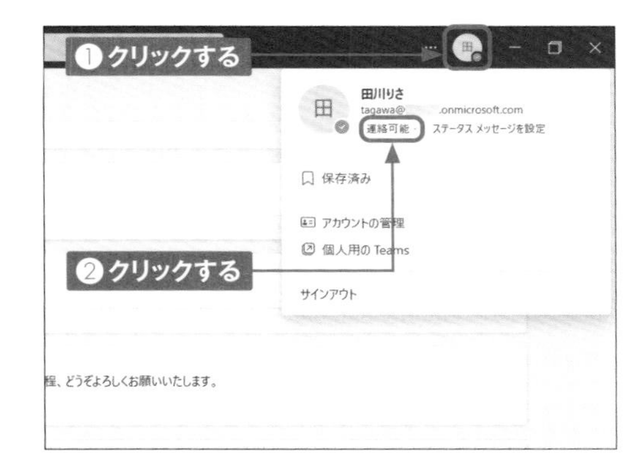

2 変更したい在席状況（ここでは［取り込み中］）をクリックすると、現在の在席状況が変更されます。

3 在席状況をもとの状態に戻すときは、手順②の画面で［状態のリセット］をクリックします。

自分の在席状況は相手からどう見える?

初期状態では、自分の現在の在席状況は、Outlookの予定表やパソコン、スマートフォンの利用状況と連動して自動的に変更され、ほかのユーザーに表示されます。Outlookとの連携は、Sec.37を参照してください。
ほかの作業をしていてパソコンやスマートフォンを5分以上操作しないでいると、在席状況が自動で「退席中」に変更されます。また、P.55の方法で自分の在席状況を「連絡可能」や「一時退席中」に設定したときでも、パソコンの場合は、ロックするか、スリープモードにすると相手から見える在席状況が自動的に「退席中」に変わります。スマートフォンの場合は、アプリがバックグラウンドにあるときに「退席中」と相手に表示されます。
さらに、アイコンだけではなく、メッセージとして在席状況をほかのメンバーに伝えることも可能です。P.55手順①の画面で［ステータスメッセージを設定］をクリックし、任意のメッセージを入力して、「ステータスメッセージの有効期間」を設定します。［完了］をクリックすると、ステータスメッセージが表示されます。「現在何をしているのか」や「何時から対応できるようになるのか」などをステータスメッセージとして設定しておくと便利です。なお、自分を含めたチャネルに参加しているメンバー全員の在席状況は、ワークスペース上部のⓘをクリックすると、一覧で確認することができます。在席状況が変更されても、メッセージの横に表示されるプロフィールアイコンの在席状況に即座に反映されない場合があるので、メンバー全員の最新の在席状況はこの方法で確認するとよいでしょう。

第4章

ビデオ会議でやり取りする

Section 24

ビデオ会議とは

ビデオ会議とは、パソコンやスマートフォンなどを介して、遠隔地にいる人どうしが動画と音声でやり取りすることです。ここでは、Teamsによるビデオ会議の概要について解説します。

Teamsのビデオ会議機能

Teamsのビデオ会議機能は、デスクトップ版、ブラウザー版、スマートフォンやタブレットのアプリから利用可能です。最大300人が同時に参加できるので、大人数での打ち合わせにも適しています。
ビデオ会議への参加方法もかんたんで、招待URLをクリックすればアカウントなしでも参加できます。ビデオ会議が開始されると、お互いの映像と音声によるやり取りだけでなく、参加者全員で画面を共有してコメントを付けたり、チャットを行ったりすることもできます。また、議題に上がったトピックをその場でメモしたり、挙手のアイコンを送信することでスムーズに発言できる点も便利な機能です。加えて、会議の主催者はビデオ会議を録画することができるので、いつでも内容を確認することが可能です（Essentialsでは非対応）。
Teamsによるビデオ会議のメリットを以下にまとめます。

● 人数と時間の制限がほぼない

最大300人が参加でき、画面には同時に98人の映像を表示できます。また、会議時間の制限はないので、時間を気にせずビデオ会議を行うことができます。

● かんたんに開始できる

アカウントを持っているユーザーが会議の主催者となって、招待URLを参加者に送ります。参加者はURLをクリックし、主催者からの参加許可がおり次第、すぐに会議に参加できます。

● 画面共有機能が使える

画面共有機能を使えば、ブラウザーやPowerPointのようなファイルのほか、ホワイトボードに手書きの図や文字を描いて共有することができ、よりスムーズに情報伝達することが可能です。

● 録画ができる ※Essentials非対応

会議の主催者のみ、ビデオ会議を録画することができます。録画した動画ファイルは会議終了後に自動でクラウド（SharePoint）に保存されます。なお、会議を記録していることはほかのメンバーにも知らされます。

ビデオ会議画面の構成

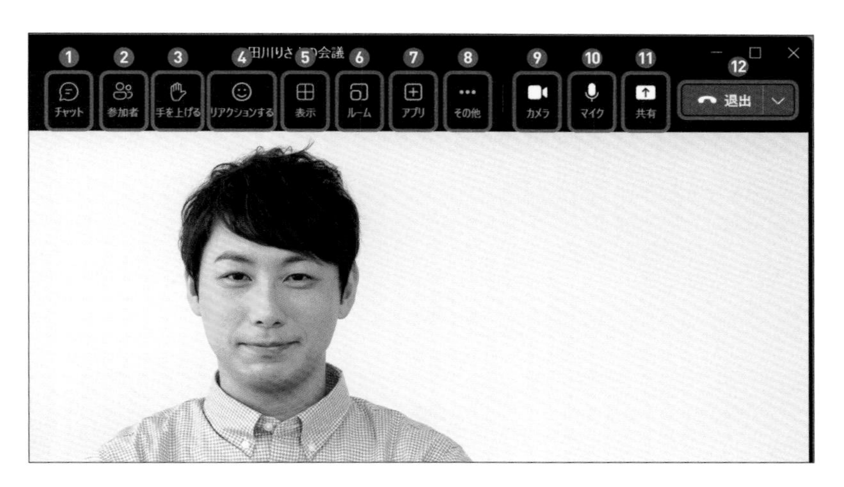

名称	機能
❶チャット	ビデオ会議と同時にチャットを行うことができます。
❷参加者	参加者を一覧表示して、状態を確認できます。また、ビデオ会議の途中で新たに参加者を追加する場合も、このアイコンをクリックします。
❸手を上げる	挙手のアイコンを表示できます。もう一度クリックすると、挙手を取り消すことができます。
❹リアクションする	ビデオ会議中にリアクションを送信できます。
❺表示	「ギャラリー」や「全画面表示」などビデオ会議の表示モードを変更できます。
❻ルーム	ビデオ会議のメンバーから数人を選択して少人数のグループに再編成し、会議を開催できます。
❼アプリ	アプリを追加できます。
❽その他	デバイスの設定、会議メモの表示、背景効果の表示、言語と音声の設定などができます。
❾カメラ	カメラをオフにします。相手の画面には自分の名前とアイコンだけが表示されます。
❿マイク	マイクをミュートにします。
⓫共有	デスクトップ、ブラウザーのウィンドウ、PowerPoint Live、そのほかのファイルを共有できます。ホワイトボード機能を利用することもできます。
⓬退出	ビデオ会議から退出、またはビデオ会議を終了できます。

Section 25 ビデオ会議を開催する

ビデオ会議はカレンダー（Essentialsでは予定表）やチャネル、チャットから開催することができます。ここではカレンダーからビデオ会議を開催し、メンバーを招待する方法を解説します。

ビデオ会議に招待する

1 ［カレンダー］をクリックします。

クリックする

2 ［今すぐ会議］→［会議を開始］の順にクリックします。

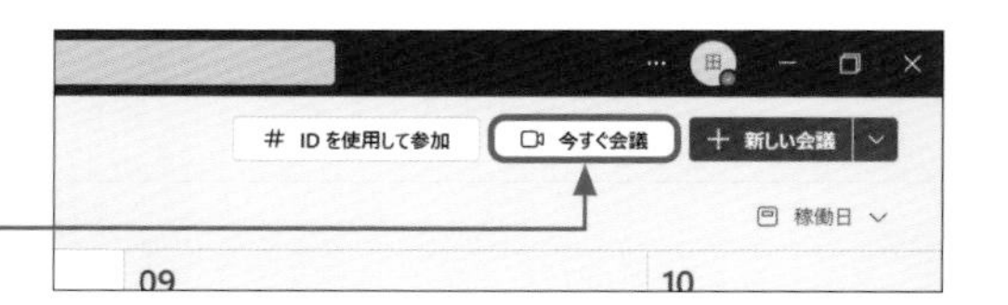

クリックする

3 ■をクリックしてカメラをオンにし、「コンピューターの音声」の●をクリックしてチェックを付け、［今すぐ参加］をクリックします。

① クリックする

② クリックする

③ クリックする

4 ［参加者を追加］をクリックします。

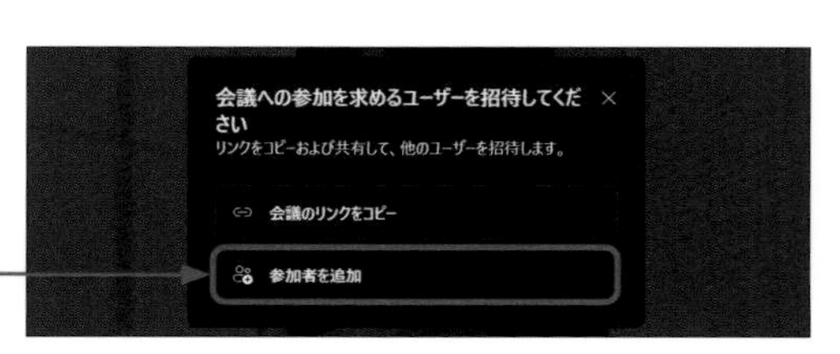

クリックする

5 ［招待を共有］をクリックします。

6 ［会議のリンクをコピー］をクリックしてURLをコピーし、招待したい相手に共有します。

クリックする

会議への参加を求めるユーザーを招待してください

リンクをコピーおよび共有して、他のユーザーを招待します。

会議のリンクをコピー

7 招待した相手がURLをクリックし、［今すぐ参加］をクリックすると、ビデオ会議が開催されます。

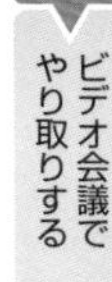

ビデオ会議でやり取りする

Memo ライブキャプション

ライブキャプション機能をオンにすると、自動で検出されたビデオ会議中の発言内容から、字幕がリアルタイムに作成されます。日本語にも対応しているため、日本語の字幕の表示も可能です。［その他］→［言語と音声］→［ライブキャプションをオンにする］の順にクリックし、音声言語の設定をして、［確認］をクリックすると、ライブキャプション機能を利用できます。

Section 26 ビデオ会議の日時を指定して開催する

ビデオ会議は事前に予約でき、チャネル（Essentialsでは名前、メールアドレス、電話番号）を指定すると会議の予約がチャネルやチャットに投稿されます。同時にチャネルのメンバーや指定したメールアドレス宛にも予約内容が送信されます。

ビデオ会議の日時を指定して開催する

① P.60手順②の画面で［新しい会議］をクリックします。

を使用して参加
今すぐ会議
＋ 新しい会議
クリックする
稼働日
10
金曜日

② 会議名を入力し、開催日時と終了日時を設定します。

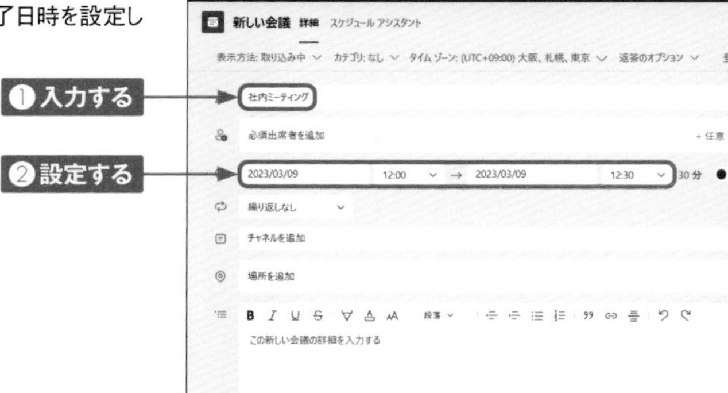

③ ［チャネルを追加］をクリックして、ビデオ会議を行うチャネル（ここでは［社外情報収集］）をクリックして選択します。

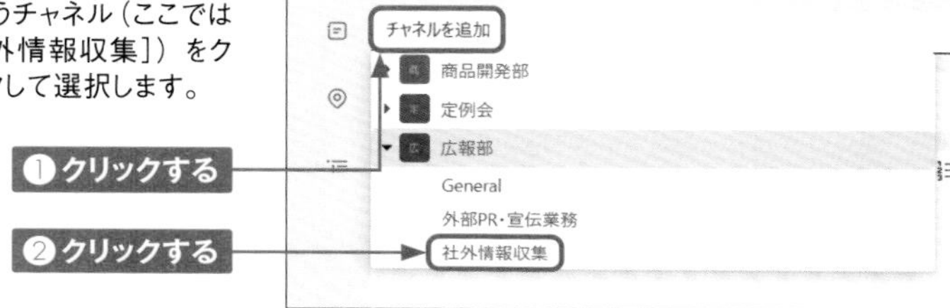

④ 任意で会議の内容を入力し、［送信］をクリックします。

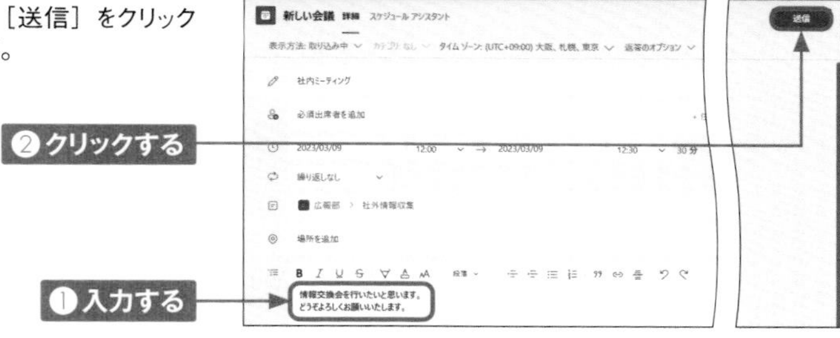

⑤ P.62手順①の画面で参加するビデオ会議の予定をクリックします。

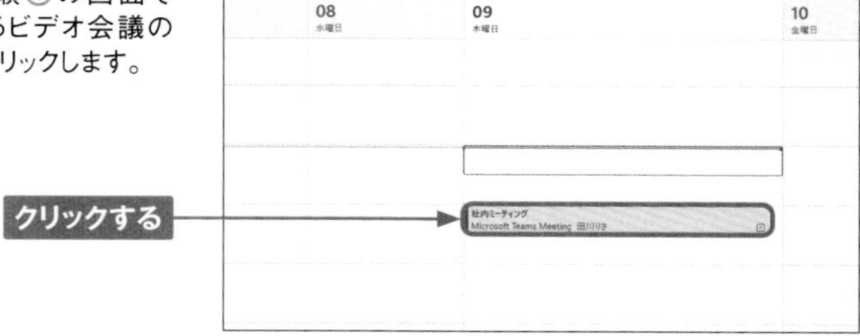

⑥ ［参加］をクリックし、P.60手順③を参考にビデオ会議を開始します。

Section 27 カメラやマイクのオン／オフを切り替える

カメラやマイクはかんたんにオン／オフを切り替えることができます。カメラをオフにすると映像が消えて名前だけが表示され、マイクをオフにすると音声が消えてアイコンが変化します。

カメラのオン／オフを切り替える

1 P.60～61を参考に、ビデオ会議を開始したら、会議中の画面で［カメラ］（■）をクリックします。

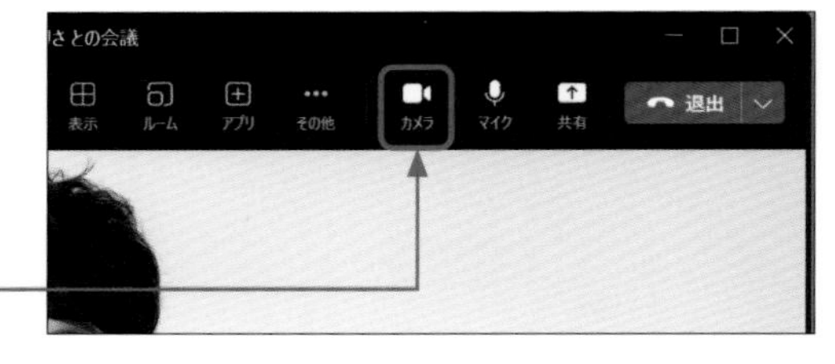

クリックする

2 カメラがオフになり、相手側の画面では名前とアイコンのみが表示されます。

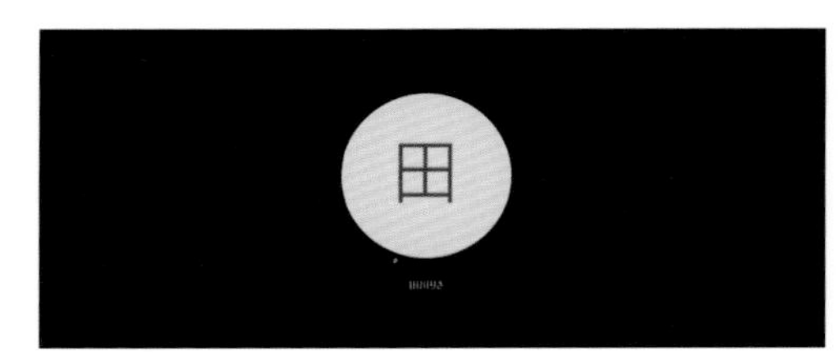

3 再びカメラをオンに切り替える場合は、［カメラ］（■）をクリックします。

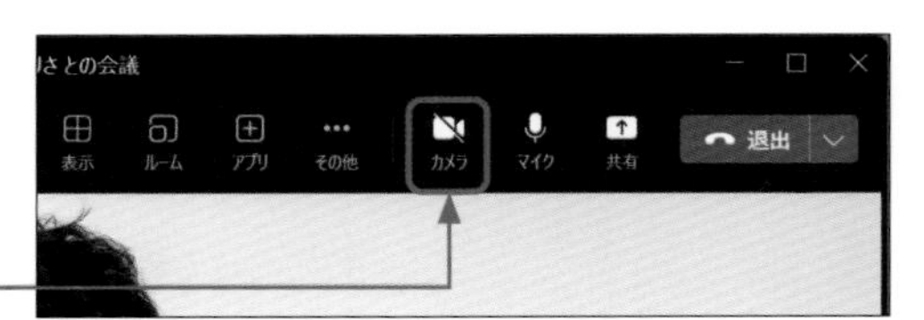

クリックする

4 カメラがオンに切り替わります。

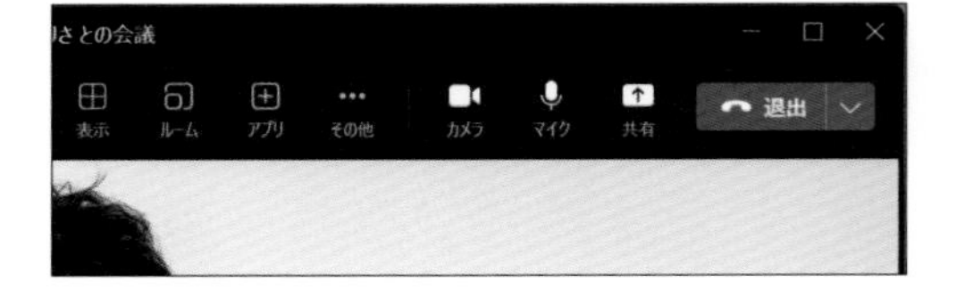

マイクのオン/オフを切り替える

① P.60 ～ 61を参考に、ビデオ会議を開始したら、会議中の画面で［マイク］（🎙）をクリックします。

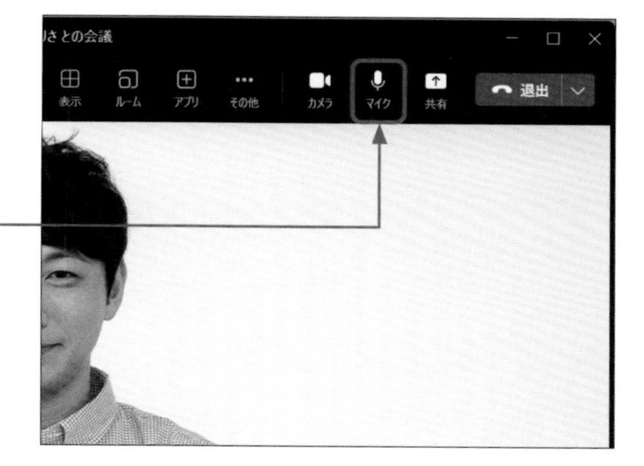

② マイクがオフになり、音声が相手に伝わらなくなります。再びマイクをオンに切り替える場合は、［マイク］（🎙）をクリックします。

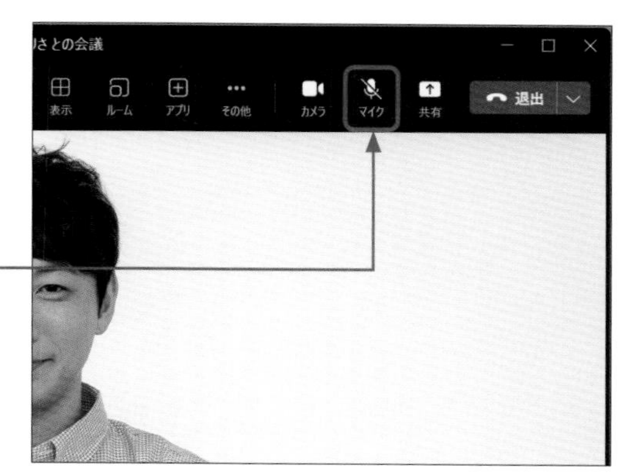

③ マイクがオンに切り替わります。

Essentials非対応

Section 28

ビデオ会議を録画する

開催者は、ビデオ会議を録画することができます。録画を終了すると自動的にMicrosoftのクラウド上に保存されるので、うっかり保存し忘れてしまうこともありません。なお、会議の録画を行うには、Microsoft 365のライセンスが必要です。

ビデオ会議を録画する

① 画面右上の［会議］をクリックします。P.60～61を参考に、ビデオ会議を開始します。

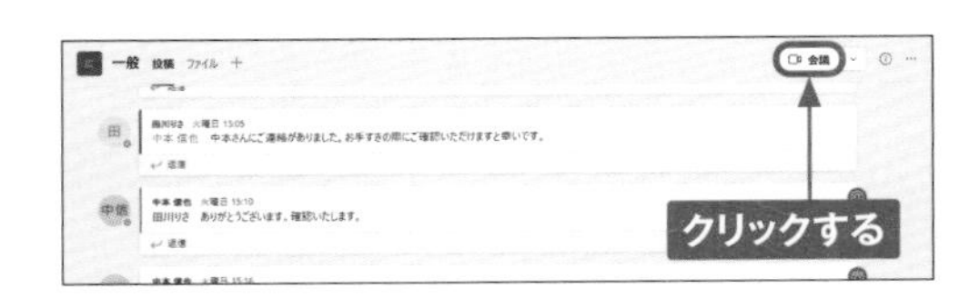

② 会議中の画面で［その他］→［録音とトランスクリプトの作成］→［レコーディングを開始］の順にクリックします。

③ 録画が開始されます。録画を停止したいときは、［その他］をクリックします。

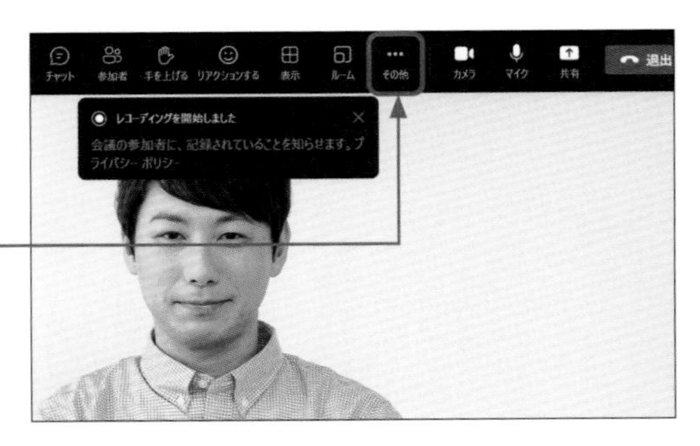

第4章 ビデオ会議でやり取りする

4 ［録音とトランスクリプトの作成］→［レコーディングを停止］の順にクリックします。

5 ［停止］をクリックします。

6 「レコーディングを保存しています」というポップアップが表示されます。

7 録画したビデオ会議をチェックするには［チーム］をクリックして、該当するビデオ会議のサムネイルをクリックします。

Memo 録画にはMicrosoft 365のライセンスが必要

ビデオ会議の録画機能を利用するには、Microsoft 365のライセンスが必要です。チャネルで開催されたビデオ会議の場合はSharePoint、それ以外の会議の場合はOneDriveに自動的に保存されます。

Section 29

会議中の背景を変更する

会議中、デフォルトでは背後の様子がカメラに写ってしまいますが、プライバシーに配慮した機能として、会議中の背景を変更することができます。背景にはさまざまな種類のものがあり、好きなものを選んで変更することができます。

背景を変更する

① P.60 ～ 61を参考に、ビデオ会議を開始したら、会議中の画面で［その他］をクリックします。

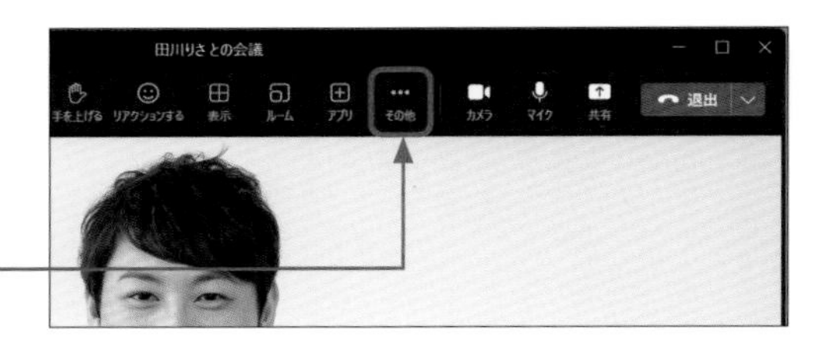

② ［背景の効果］をクリックします。

会議情報
会議のメモ
背景の効果

クリックする

③ 変更したい背景を選択してクリックします。なお、［新規追加］をクリックすると、パソコン内の画像を背景として設定できます。

クリックする

④ ［プレビュー］をクリックします。

⑤ カメラが自動的にオフになり、P.68手順③で選択した背景のプレビューが画面右下に表示されます。問題がなければ、［適用してビデオをオンにする］をクリックします。

他のユーザーにはこの画像が逆に表示されます。

プレビューの停止

クリックする

適用してビデオをオンにする

⑥ 背景が変更されます。

Memo Togetherモードとは

Togetherモードとは、全員が同じ場所にいるかのように背景を一括変換する機能です。参加者の画面がそれぞれ独立して表示される通常のビデオ会議よりもリラックスできる効果があるといわれています。

Section 30

ビデオ会議中にチャットする

ビデオ会議中であっても、チャット機能を利用することができます。Webサイトの URLやメールアドレスなど、言葉や身ぶりだけでは伝えにくい情報を共有したいときに使用しましょう。

ビデオ会議中にチャットする

① P.60～61を参考に、ビデオ会議を開始したら、会議中の画面で［チャット］をクリックします。

クリックする

② 画面右側にチャット画面が表示されます。

Memo 会議中の通知をミュートにする

会議中に届く、会議に関係のない通知をミュートにすることができます。手順①の画面で［その他］→［設定］→［通知をミュート］の順にクリックします。再度、通知をオンにしたい場合は、［その他］→［設定］→［通知を許可］の順にクリックすることで通知が届くようになります。なお、Essentialsでは非対応です。

3 テキストを入力して、▷をクリックするか Enter を押します。

❶入力する

❷クリックする

今回の会議の議事録を送付いたします。

4 テキストが送信されます。

Memo チャットバブル機能

チャット画面を表示していない場合、会議のほかのメンバーが送信したチャットは、チャットバブルとして画面に表示されます。チャット画面を表示しなくてもチャットを確認できます。初期設定ではチャットバブル機能はオンになっていますが、オフにすることもできます。

Memo 通常のチャットとの違い

会議中のチャットと通常のチャットでは、使える機能に違いはほぼありません。唯一、会議中のチャットではPraise機能（Sec.22参照）が使用できないので、Praise機能を使用したい場合は通常のチャット機能から行うようにしましょう。

Section 31

パソコンの画面を共有する

ビデオ会議の参加者とリアルタイムで作業中の画面を共有できます。共有できる画面の種類にはいくつかあります。なお、Essentialsで共有できる画面の種類は「画面」と「ウィンドウ」のみです。

共有できる画面の種類

名称	内容
❶発表者モード	共有した画面やプレゼンテーションと発表者を1画面に表示することができます。
❷画面	自分の画面上のすべてを表示できます。
❸ウィンドウ	特定のアプリを表示できます。
❹Microsoft Whiteboard	ホワイトボード機能を利用できます（Sec.32参照）。
❺カメラからのコンテンツ	カメラを使ってホワイトボードやドキュメントを共有したり、ビデオをリアルタイムで表示したりできます。
❻PowerPoint Live	プレゼンテーションを表示できます。
❼Excelライブ	ブックを共同編集できます。
❽参照	表示するファイルを検索して見つけることができます。

共有中の画面

名称	内容
❶制御を渡す	自分が共有している画面を参加者も操作できるようにします。
❷注釈の開始	共有している画面に注釈を追加することができます（デスクトップ共有のみ）。
❸コンピューターサウンドを含む	共有している画面から鳴らされるオーディオも共有できます。
❹発表を停止	共有を停止します。
❺ツールバーを固定	ツールバーを固定します。

パソコンの画面を共有する

① P.60 ～ 61を参考に、ビデオ会議を開始したら、会議中の画面で［共有］をクリックします。

② 共有できる画面の種類が表示されます。共有したい画面をクリックして選択すると、共有が始まります。

Section 32

Essentials非対応

ホワイトボードを共有する

Teamsでは、会議の参加者がペンなどでスケッチできるホワイトボードが用意されています。ビデオ会議中に共有することで共同編集が可能です。ホワイトボードは「共有」画面から表示して利用します。

Teamsでホワイトボードを共有する

① P.73手順②の画面で［Microsoft Whiteboard］をクリックします。

クリックする

② ボードのコンテンツが読み込まれます。［新しいホワイトボード］をクリックします。

クリックする

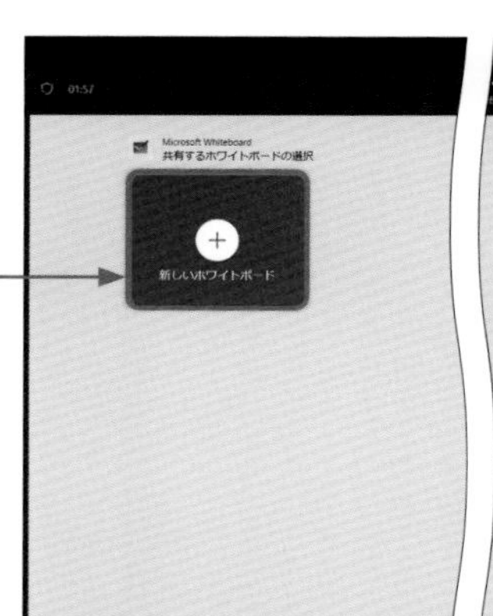

③ ホワイトボードが表示されます。

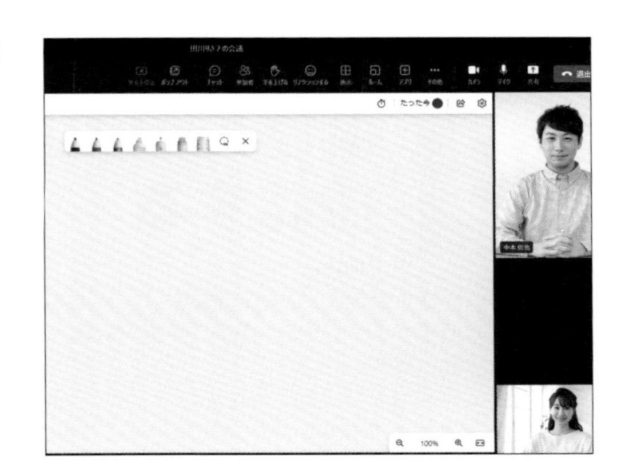

④ マウスで描画できます。色を変更したり線を消したりしたい場合は、画面上のアイコン一覧から選択してクリックします。

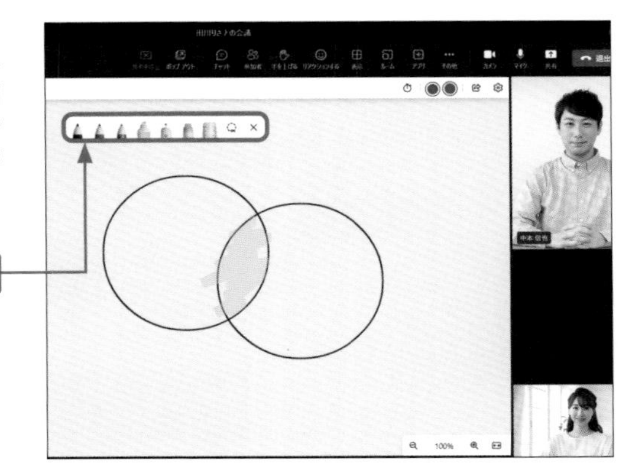

Memo アプリ版のホワイトボードとの違い

アプリ版のホワイトボードでは、フリーハンドによる描画のほか、直線やテキスト、メモ、ファイルの挿入などを行うことができ、より複雑な図解が可能です。

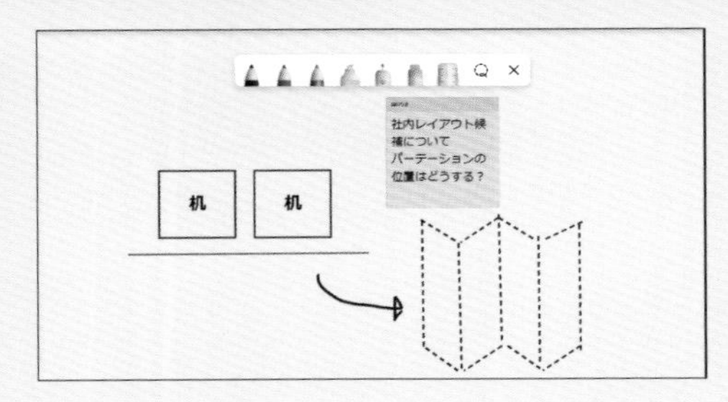

Section 33

Essentials非対応

会議の参加状況を確認する

ビデオ会議を主催している場合にのみ、参加しているメンバーの出欠確認を行うことができます。出欠のデータは、参加や退出の時間も含めて、Excelファイルとしてパソコンに保存されます。

出欠の確認をする

1 P.60 ～ 61を参考に、ビデオ会議を開始したら、会議中の画面で［参加者］をクリックします。

2 …をクリックします。

3 ［出席者リストをダウンロード］をクリックします。

4 ダウンロードが開始されます。ダウンロードが終了したら［1個のファイルがダウンロードされ…］をクリックします。

5 ［ダウンロード］をクリックし、［meetingAttendanceList］をダブルクリックします。

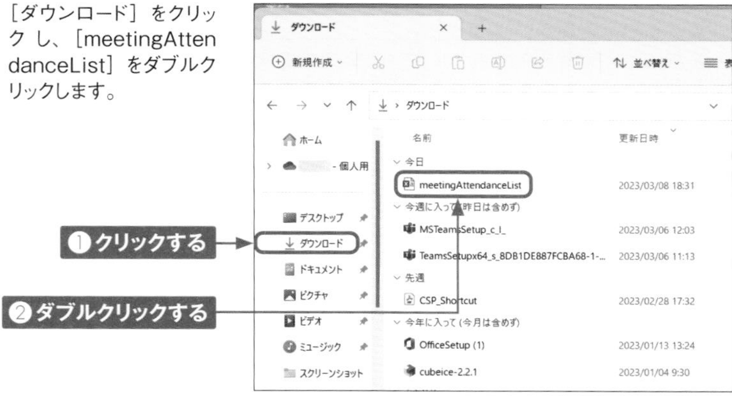

6 ビデオ会議に参加したメンバーの出欠状況を確認できます。

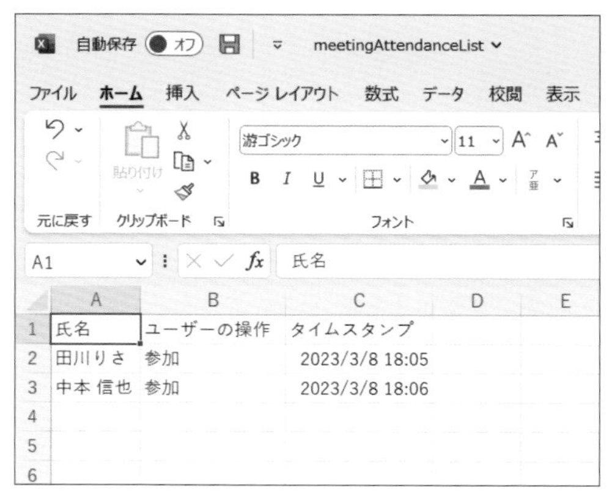

Section 34

ビデオ会議を終了する

ビデオ会議が終わったら、開催者は会議を終了させましょう。退出しただけの場合、ほかのメンバーがそのままビデオ会議を続けることができます。必要に応じて使い分けるとよいでしょう。

ビデオ会議を終了する

① ビデオ会議の画面で⌄→［会議を終了］の順にクリックします。

② ［終了］をクリックします。

会議を終了しますか?
すべてのユーザーの会議を終了します。
キャンセル
終了
クリックする

③ ビデオ会議が終了し、ワークスペースに会議時間が表示されます。

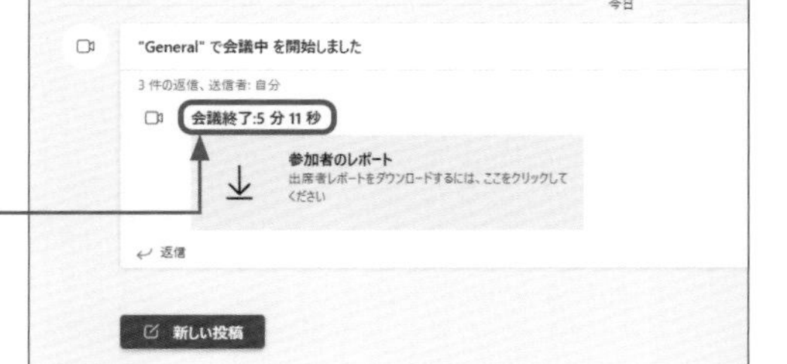

表示される

第5章

ほかのアプリと連携する

Section 35 アプリ連携のメリット

Teamsは、さまざまなアプリと連携することができます。連携できるアプリはマイクロソフトのアプリや、外部のサードパーティ製のアプリなど多岐にわたります。アプリ連携を利用することで、業務効率の向上などのメリットが期待できます。

アプリ連携でできること

Teamsは、マイクロソフトが提供するアプリをはじめ、サードパーティ製の外部アプリなど、すでに業務で利用しているさまざまなアプリと連携をすることができます。連携できるアプリは700種以上にのぼります（2023年4月現在）。
アプリと連携していない場合、各操作はそれぞれのアプリを開いて行うこととなりますが、アプリ連携することで、Teams内で各アプリを利用した操作が完結するようになります。
また、外部アプリで更新された情報をTeamsでいち早く通知・確認することもできるので、業務の効率化や生産性の向上を図ることができます。
連携できるアプリの種類も多彩に取り揃えられており、タスク管理や顧客管理、スケジュール管理、情報共有アプリなどの業務管理ツールや開発者向けツール、人事ツール、通信ツールなどがあります。

https://www.microsoft.com/ja-jp/microsoft-365/microsoft-teams/apps-and-workflows

マイクロソフトのアプリと連携できる

もっともスムーズに連携ができるのは、マイクロソフトが提供するMicrosoft Office（Excel、Word、PowerPointなど）やOneNoteなどです。Officeアプリならファイルをリアルタイムで共同編集をすることができ、ファイル自体の編集だけでなく、コメントを付けての作業もできます。
また、OneNoteとの連携では、チャットやチャネルのタブにノートブックを追加することができます。すでに作成済みのノートブックだけでなく、新規で作成したものを追加することも可能です。なお、タブへの追加はOneNoteだけでなく、Officeファイルでも可能です。スムーズに業務を進め、生産性を向上させましょう。

外部アプリも連携できる

マイクロソフト以外の外部アプリとも連携をすることが可能です。たとえばクラウドストレージサービスではDropboxやBox、Google Driveなどと連携できます。一度連携すると、Teams内から各サービスに保存しているフォルダやファイルの確認ができ、また、ファイルを直接メンバーと共有することができるようになります。
ほかにも、タスク管理アプリのTrelloやオンライン会議アプリのZoom（Pro）など、多彩なアプリとの連携ができます。

Section 36

Officeファイルを共同編集する

チャットやチャネルに送信されたExcel（xlsx.形式）やWord（docx.形式）、PowerPoint（pptx.形式）といったOfficeファイルを、メンバーと共同編集することができます。ファイルはダウンロードすることも可能です。

ファイルを共同編集する

1 チャットやチャネルに送信されたファイルをクリックします。

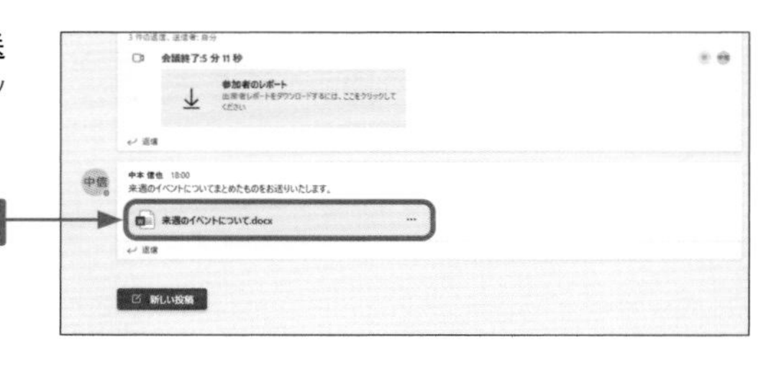

2 ファイルが開き、編集を行うことができます。編集したら、［閉じる］をクリックします。編集した内容は、自動保存されます。

Memo ファイルをタブに追加する

手順①の画面でファイル右の … をクリックし、［これをタブで開く］をクリックすると、ファイルがタブに追加されます。よく利用するファイルはタブに追加しておくと便利です。なお、Essentialsでは非対応です。

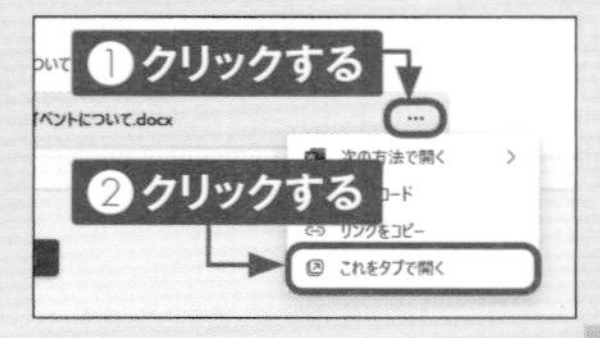

「ファイル」タブからファイルを共同編集する

チャットやチャネルに送信されたファイルは、「ファイル」タブに一覧で表示されます。過去に送信されたファイルの編集などを行う際には、こちらからファイルを開くと便利です。

① ファイルが送信されたチャットやチャネルの［ファイル］をクリックします。

クリックする

② 共同編集したいファイルをクリックします。

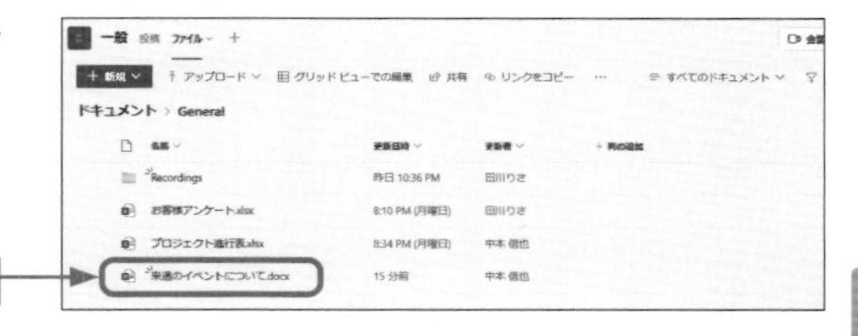

③ ファイルが開き、編集を行うことができます。編集したら、［閉じる］をクリックします。編集した内容は、自動保存されます。

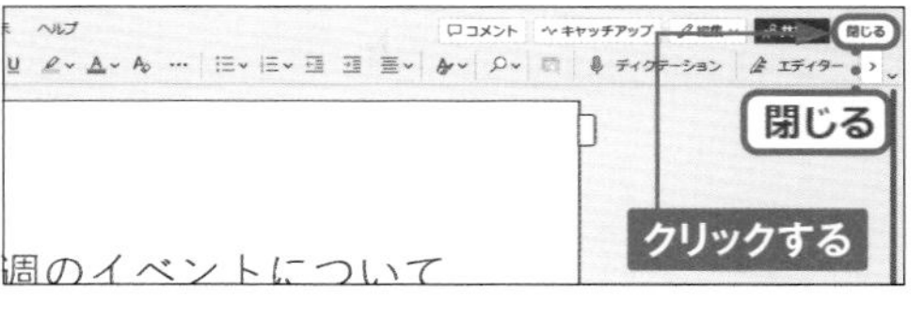

④ ファイルが更新され、「更新者」欄に最終更新者のユーザー名が表示されます。

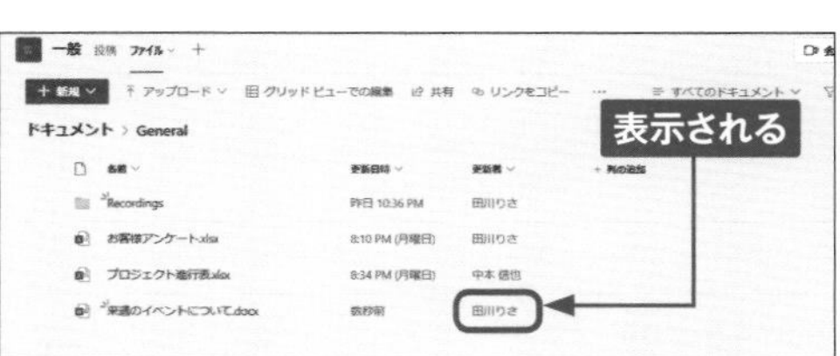

Memo ファイルをダウンロードする

ファイルをダウンロードするには、上の手順②またはP.82手順①の画面で任意のファイルにマウスポインターを合わせ、… →［ダウンロード］の順にクリックします。初期状態では、ファイルはパソコン内の「ダウンロード」フォルダに保存されます。

Essentials非対応

Section 37 Outlookでメッセージを送信する／会議を予約する

各チャネルにはメールアドレスが設定されており、このメールアドレスを使用することで、外部からメッセージを送信したり、会議の予約をしたりすることができます。よく利用するチャネルはOutlookにメールアドレスを登録しておくとよいでしょう。

Outlookからメッセージを送信する

1 ［チーム］をクリックし、メッセージを送信したいチャネルをクリックします。⋯→［メールアドレスを取得］の順にクリックします。

①クリックする

②クリックする

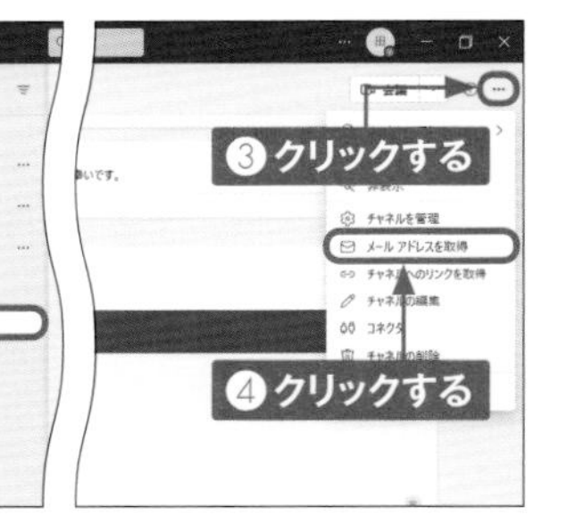

2 ［コピー］をクリックします。

メール アドレスを取得

その他のオプションについては 詳細設定 を参照してください。

社外情報収集 - 広報部 <7a9f4afc.　　.onmicrosoft.com@jp.teams.ms>

電子メール アドレスを削除する

閉じる　コピー

クリックする

3 デスクトップ版Outlookを起動し、［新しいメール］をクリックし、「宛先」に手順②でコピーしたメールアドレスを貼り付けます。「件名」とメッセージを入力し、［送信］をクリックします。

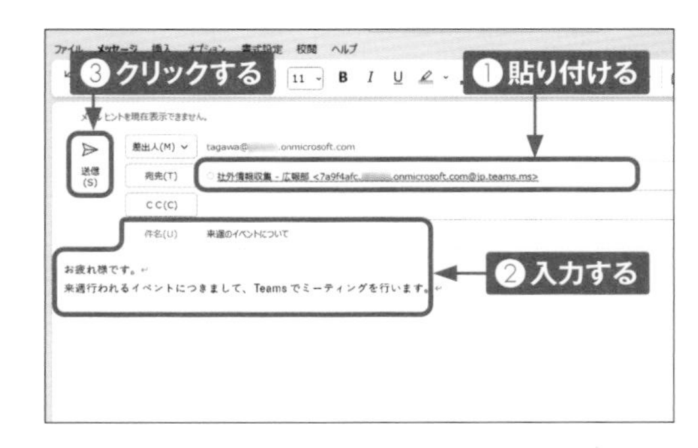

Outlookから会議の予約をする

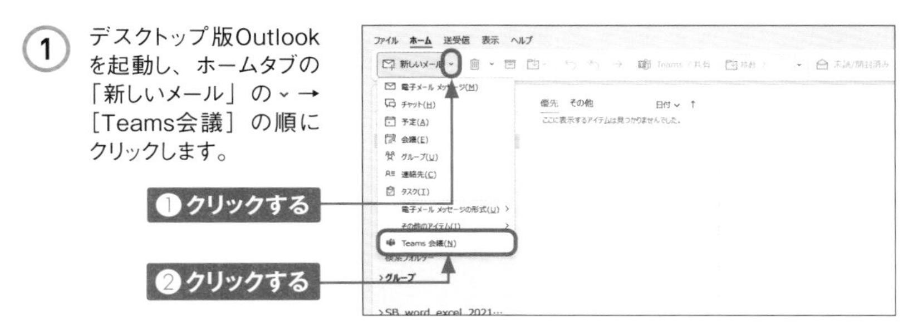

① デスクトップ版Outlookを起動し、ホームタブの「新しいメール」の ⌄ →［Teams会議］の順にクリックします。

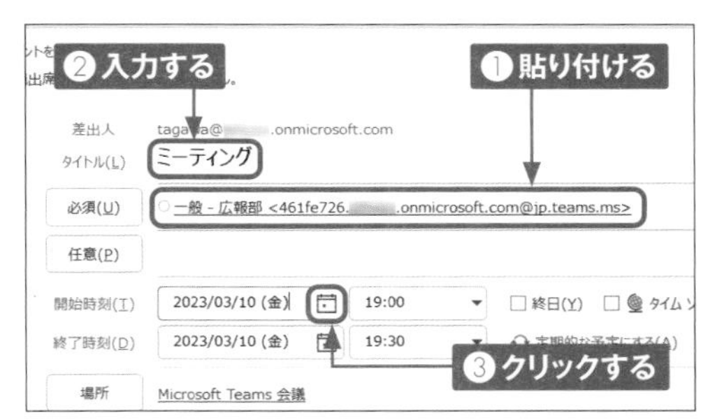

② P.84手順①～②を参考に、会議の予約をしたいチャネルのメールアドレスをコピーし、「必須」に貼り付けます。任意で「タイトル」を入力します。 🗓 をクリックし、会議の開始時刻と終了時刻の日にちを設定します。

③ ▾をクリックし、開始時刻と終了時刻をクリックして設定します。［送信］をクリックします。

④ チャネルに会議の予約が表示されます。

Section 38

Essentials非対応

OneNoteでメモを共有する

Teamsのチャットやチャネルに OneNoteのノートブックを追加することができます。ここでは新規ノートブックを作成して追加する方法を紹介しますが、作成済みのノートブックの追加も可能です。

OneNoteのノートブックを新規作成して追加する

1 OneNoteを共有したいチャットやチャネルを開き、＋をクリックします。

クリックする

2 タブを追加画面が表示されるので、[OneNote] をクリックします。

クリックする

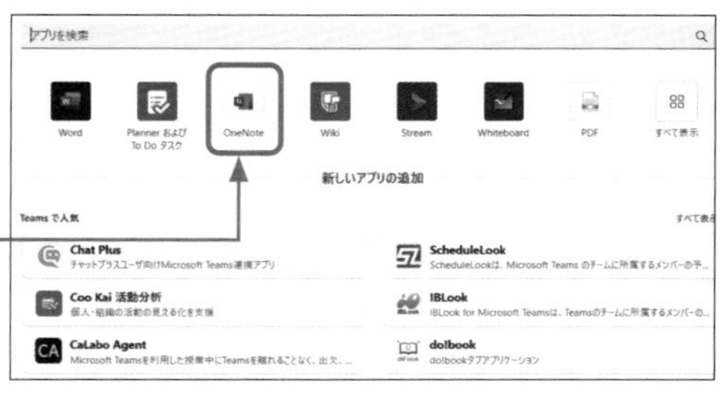

3 「OneNote」画面が表示されます。[新規ノートブックを作成] をクリックします。

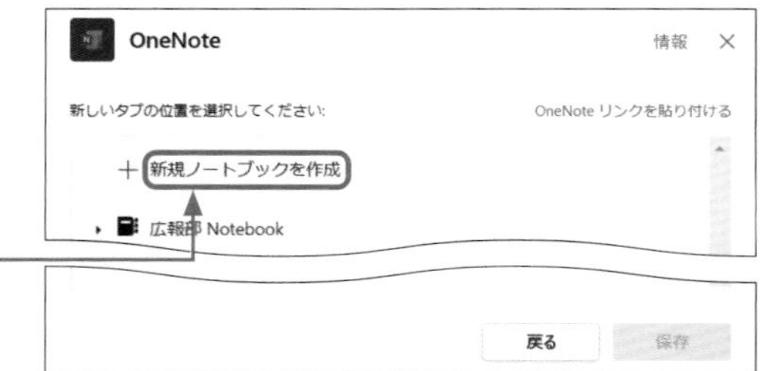

4 ノートブックの名前を入力し、[保存] をクリックします。

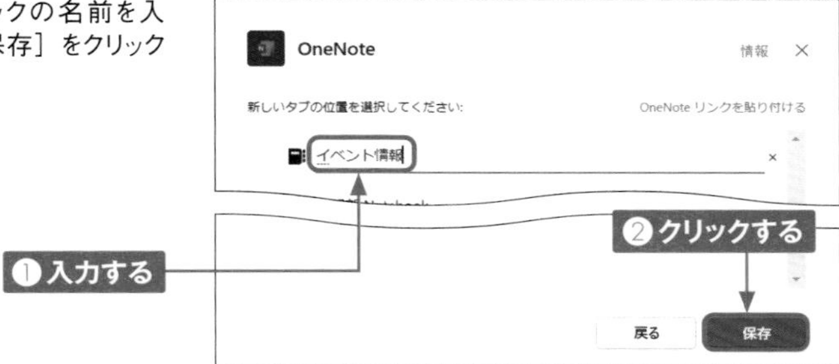

5 ページの名前やテキストを入力すると、自動保存されます。

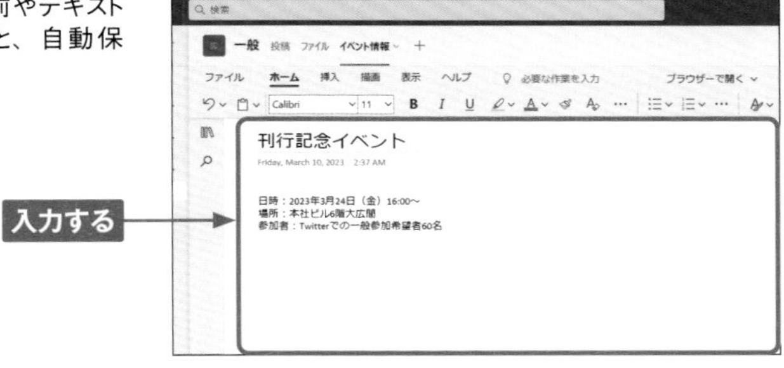

6 ノートブックの名前がタブとなり、ここから確認することができます。

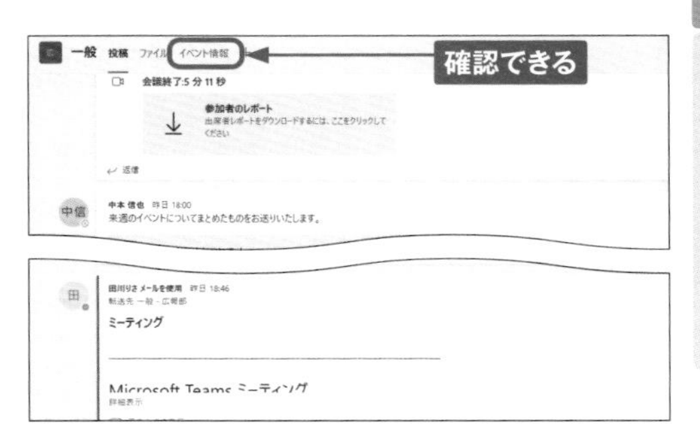

Memo Teamsで作成したOneNoteを確認する

メニューバーの … をクリックし、[OneNote] をクリックすると、これまでにTeamsで作成したOneNoteを確認することができます。

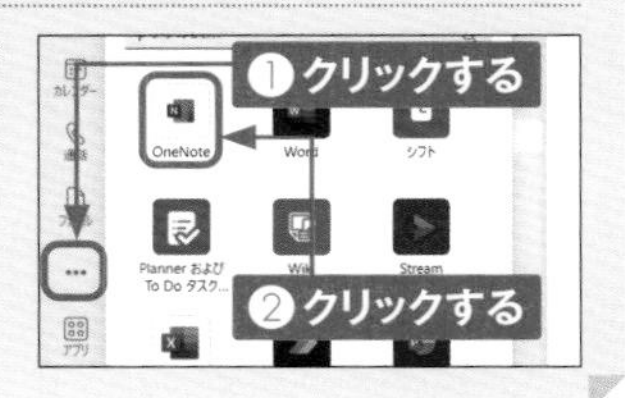

Essentials非対応

Section 39 サードパーティ製のアプリと連携する

サードパーティ製の外部アプリとTeamsを連携させることができます。ここでは、クラウドストレージサービスのDropboxとタスク管理アプリのTrello、ビデオチャットサービスのZoomとの連携方法を紹介します。

Dropboxと連携する

Teamsでは、DropboxやBox、Google Driveなどの外部のクラウドストレージサービスを追加することができます。追加することで、チャネルから直接、クラウドストレージサービス内のファイルを共有することができるようになります。ここではDropboxとの連携を紹介します。なお、必要に応じてDropboxのWebページでアカウントを作成しておきましょう。

1. メニューバーの［ファイル］をクリックし、［クラウドストレージを追加］をクリックします。

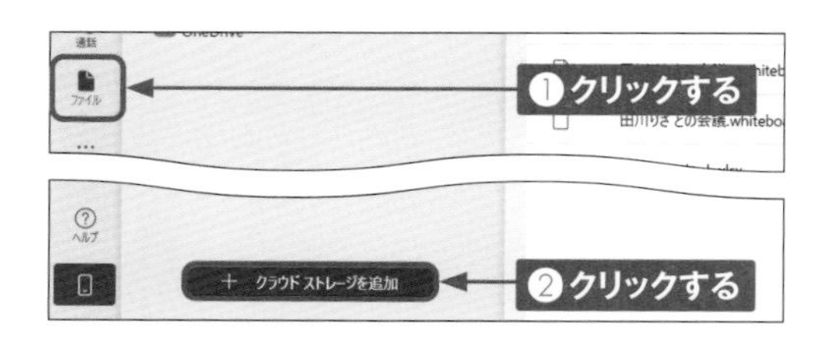

2. 「クラウドストレージを追加」画面が表示されます。［Dropbox］をクリックします。

クラウド ストレージを追加

Teams で使用するクラウド ストレージ プロバイダーを選択します。

Dropbox
Dropbox を使用すると、チームは安全で使いやすい共同作業ツールと、高速で最も信頼性の高い同期プラットフォームを利用して、簡単に作業することができます。

Box
Box は、チームや組織が最も重要な情報を簡単に共有、管理、共同作業できるように支援する、セキュリティで保護されたコンテンツ管理/コラボレーション プラットフォームです。

クリックする

3. Dropboxのログイン画面が表示されたら、Dropboxに登録しているメールアドレスとパスワードを入力し、［ログイン］をクリックします。

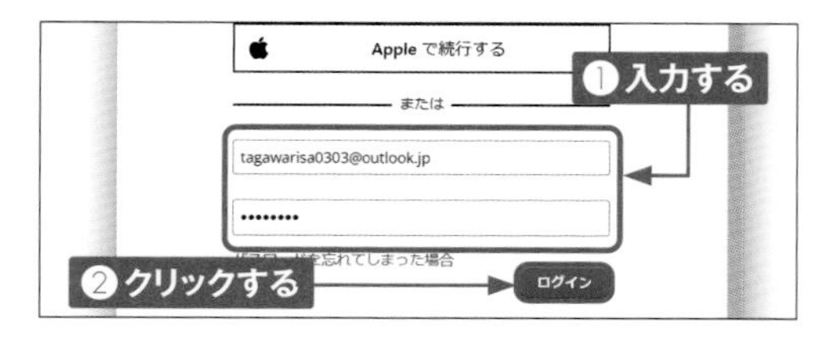

4 ［許可］をクリックします。

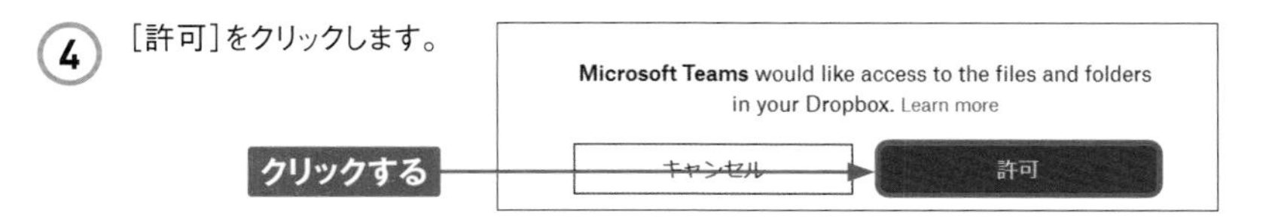

5 メニューバーの［ファイル］をクリックし、［Dropbox］をクリックすると、Dropboxに保存されているファイルが閲覧できます。

6 Dropboxのファイルを共有したいチャットやチャネルで🔗をクリックし、［Dropbox］をクリックします。

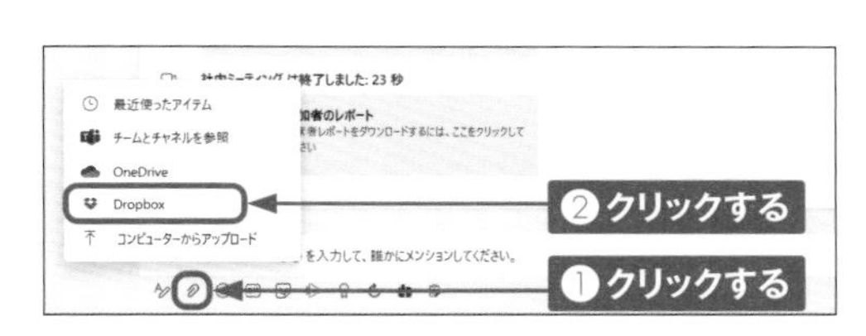

7 共有したいファイルをクリックし、［リンクを共有］をクリックします。

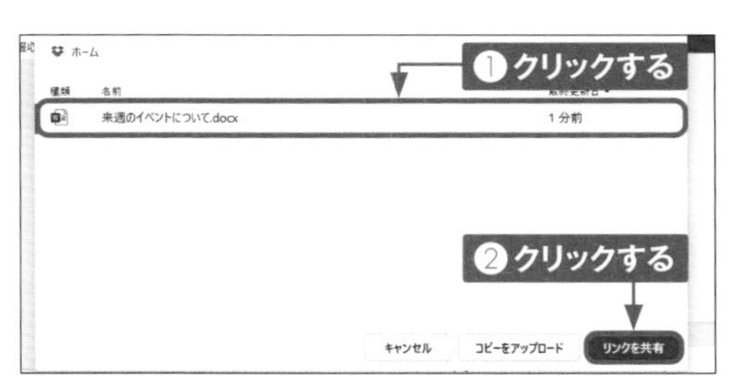

8 ボックスにファイルのリンクが挿入されます。メッセージを入力して、▷をクリックすると送信されます。

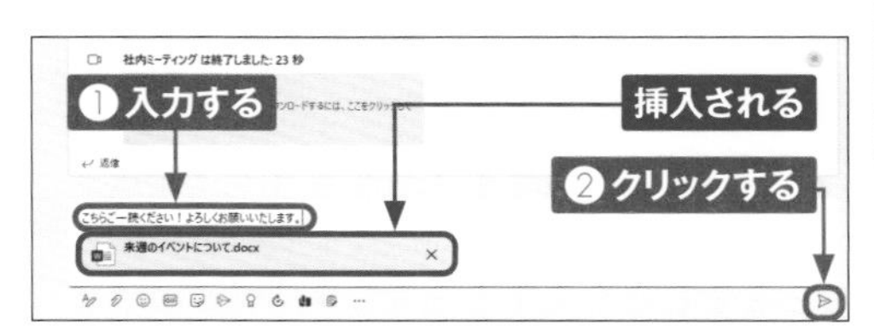

Memo 「ファイル」タブからファイルのリンクを取得する

手順⑤の画面で一覧表示されているファイルの右側にある…をクリックし、［リンクをコピー］をクリックすると、ファイル共有のURLがクリップボードにコピーされます。コピーされたURLをチャットやチャネルのボックスで貼り付けて、メッセージを送信することでもファイル共有ができます。

Trelloと連携する

ToDoタスクをカンバン方式で管理できる「Trello」とTeamsを連携させることができます。チャットやチャネルに追加ができ、プロジェクトの進捗を共有することが可能です。連携する際は、あらかじめTrelloのアカウントを作成しておきましょう。

① Trelloを追加したいチャットかチャネルを開き、＋をクリックします。

② 検索フィールドに「trello」と入力し、検索結果に表示される［Trello］をクリックします。

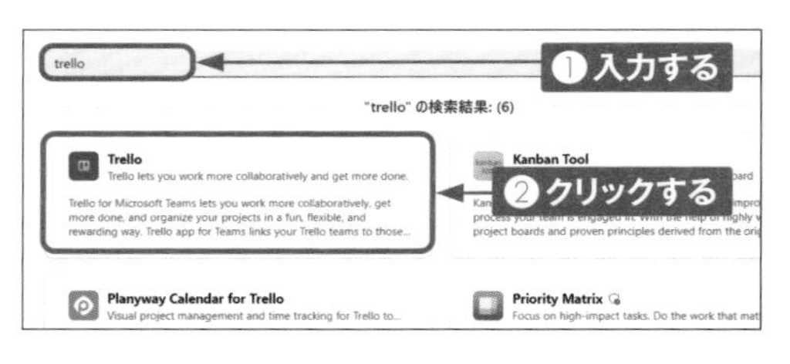

③［追加］をクリックします。

④ Trelloにログインしていない場合は、［Trelloでログイン］をクリックします。

they may have turned off 3-rd party apps. Please note, if you are using Trello Power-Up with your Trello boards these might not be supported with Trello for Microsoft Teams app.
詳細はこちら

ログイン

Trelloでログイン

クリックする

5 Trelloに登録しているメールアドレスを入力し、[次へ]をクリックします。

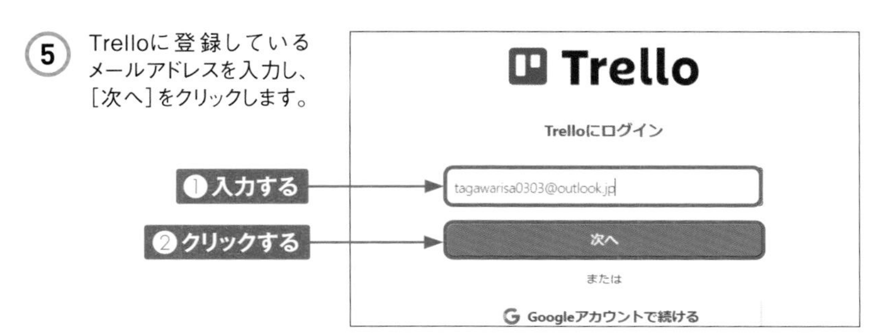

6 パスワードを入力し、[ログイン]をクリックします。

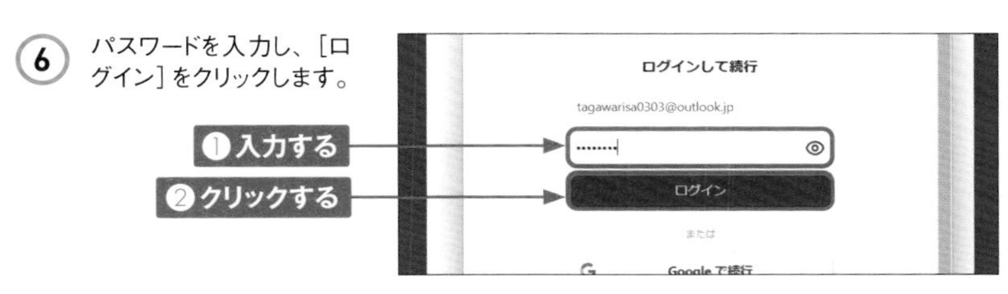

7 共有したいボードをクリックして選択し、[保存]をクリックします。

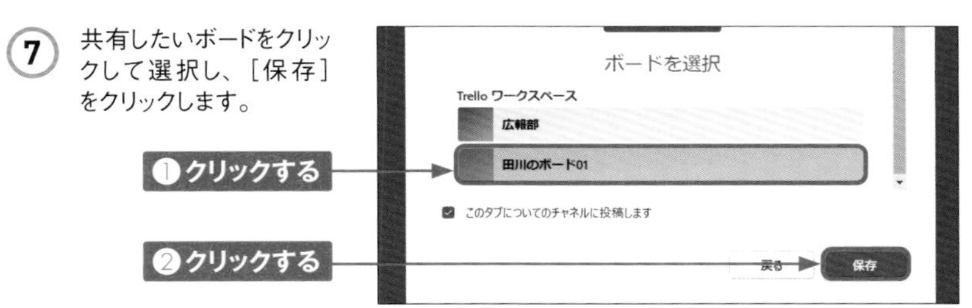

8 「Trello」のボードのタブが作成されます。クリックすると、追加したTrelloのボードを確認、編集することができます。

Memo Trelloのボードが閲覧できない場合

Trelloにログインしていないユーザーがボードのタブを開くと、「まだTrelloにログインしていないようです…」と表示されます。ログインしても閲覧できない場合は、Trelloの管理者にチーム、またはボードに招待してもらいましょう。

Zoomと連携する

事前にZoomのアカウントを作成し、Zoomと連携することでリンク共有時にワンクリックでビデオ通話を開始することができます。また、Teams内で会議の日程を調整することも可能です。

1 ［新しい投稿］→…の順にクリックし、検索フィールドに「zoom」と入力します。［Zoom］をクリックします。

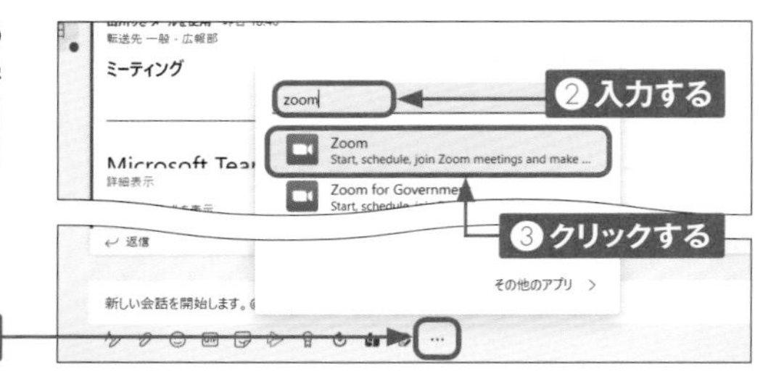

2 ［追加］をクリックします。

3 ［サインイン］をクリックします。サインインの画面が表示されるので、任意のアカウントでサインインし、画面の指示に従って操作します。

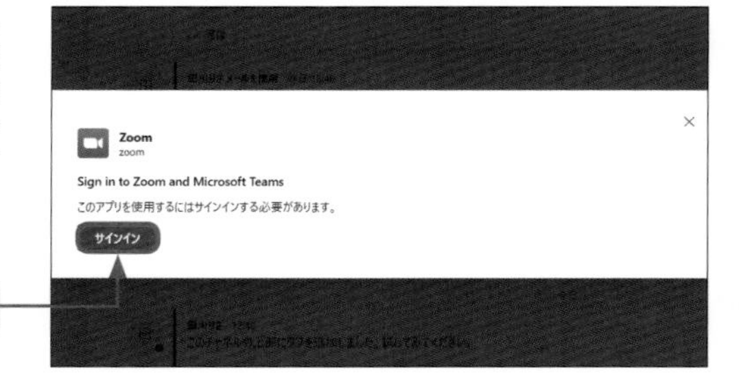

4 Zoomとの連携が完了します。Zoomを利用するときは、…→［Zoom］の順にクリックします。

第6章

使いやすいように設定を変更する

Section 40

アプリの見た目を変更する

アプリの見た目のことを「テーマ」といいます。テーマは既定のもののほかに、目に優しい「ダーク」、文字が読みやすい「ハイコントラスト」が用意されています。テーマを変更することで、画面の見やすさを調節することが可能です。

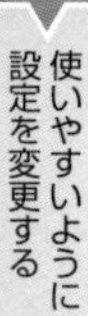

テーマを変更する

① ⋯をクリックします。

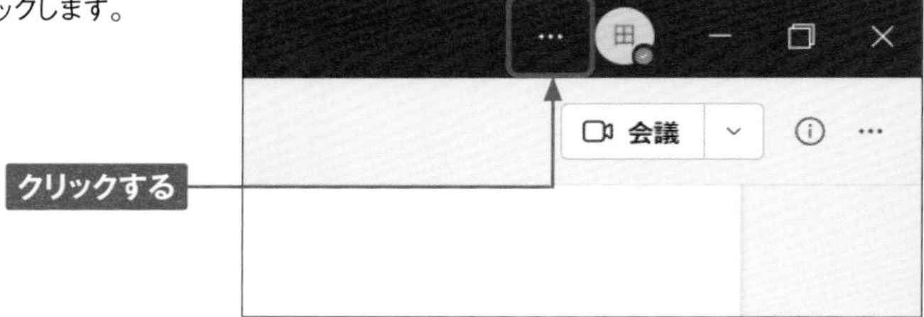

② ［設定］をクリックします。

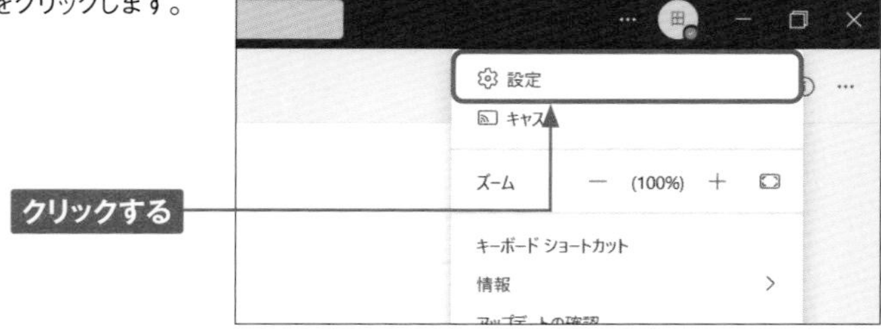

③ テーマとプレビューの一覧が表示されるので、変更したいものをクリックして選択します。

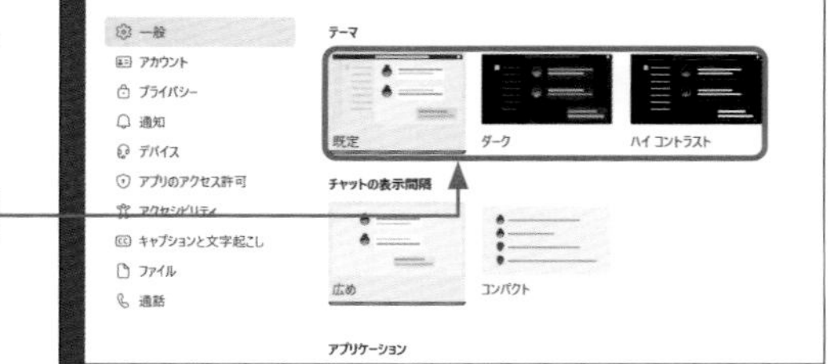

Section 41

アプリの自動起動を切り替える

Teamsのデスクトップアプリは、デフォルトの設定ではパソコンを起動するとアプリも自動的に起動するようになっています。自分の好きなタイミングで起動したい場合は、アプリの自動起動をオフに切り替えましょう。

自動起動をオフにする

1 P.94手順③の画面で、［アプリケーションの自動起動］をクリックしてチェックを外します。

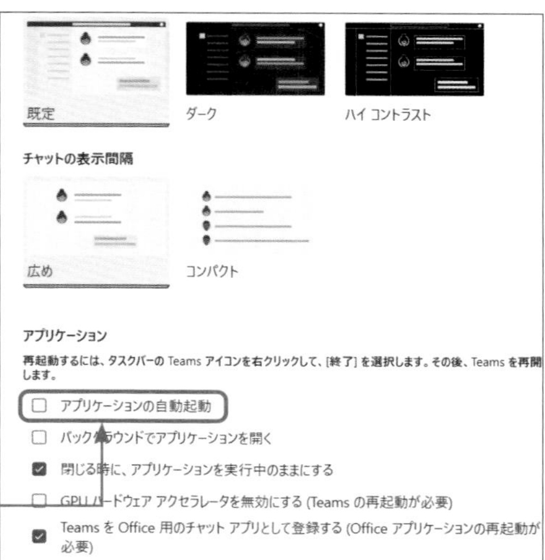

2 アプリを終了させてパソコンを再起動しても、アプリが自動起動しなくなります。

Essentials非対応

Section 42

チームやチャネルの表示を整理する

チームやチャネルが増えてくると、画面が見づらくなってしまいます。ひんぱんにアクセスするもの以外は非表示にしたり、順番を入れ替えたりすることで、このような問題を解消することができます。

チームやチャネルを非表示にする

1 [チーム] をクリックしてチームの一覧を表示し、非表示にしたいチームの…をクリックします。

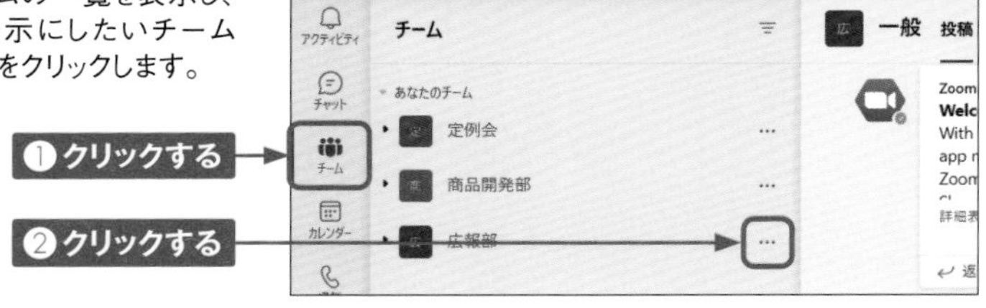

2 [非表示] をクリックします。

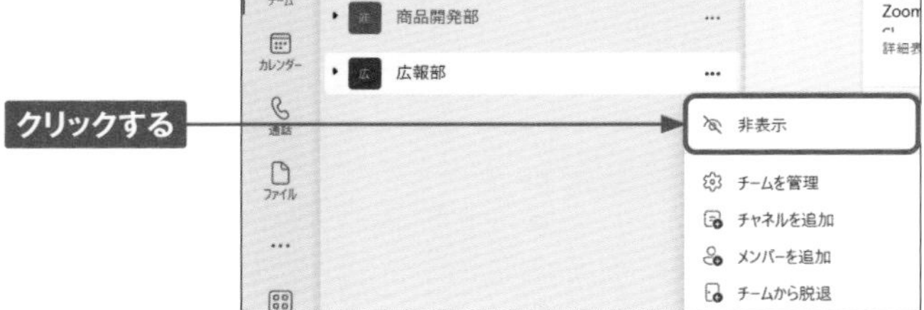

3 チームが非表示になります。チャネルを非表示にしたい場合は、手順①の画面でチーム名をクリックし、チャネルを表示してから同様の手順で非表示にできます。

チームの表示順を入れ替える

① P.96手順①の画面で、入れ替えたいチームをクリックしてドラッグします。

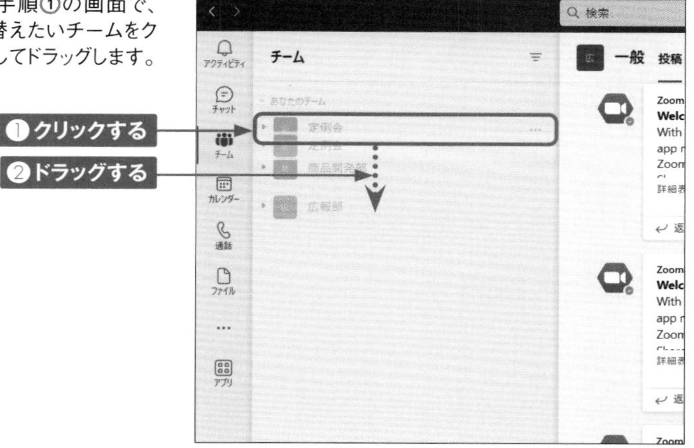

② チームの順番が入れ替わります。

Memo モバイルアプリ版にも自動的に反映される

チームの入れ替えはデスクトップ版でもブラウザー版でも可能です。また、スマートフォンなどにモバイルアプリ版のTeamsをインストールしている場合、デスクトップ版あるいはブラウザー版で入れ替えたチームの順番が自動的に反映されます。ただし、いずれも入れ替えられるのはチームのみで、チャネルの入れ替えはできません。

Section 43

通知を設定する

通知を設定すると、メンションやメッセージ、会議の開始などを見逃しにくくなります。その際、通知のオン／オフだけでなく、通知音のみオフにしてバナー表示のみオンにする、といった細かい設定も可能です。

通知の種類

●メール

通知内容がメールで受信できます。受信のタイミングは、「設定」画面の「不在時のアクティビティに関するメール」で設定できます。

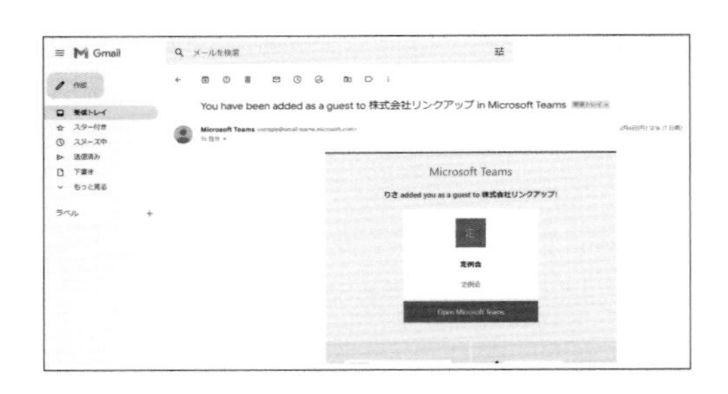

●バナー

パソコンのデスクトップ画面にポップアップ表示されます。

●フィード

「アクティビティ」の「フィード」に表示されます。

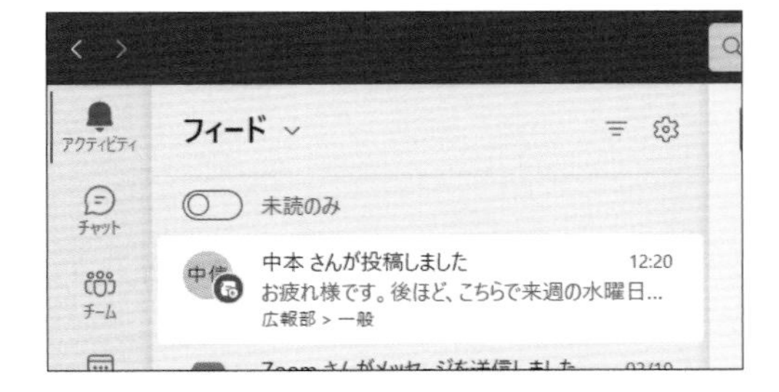

通知を設定する

① P.94手順③の画面で、[通知]をクリックします。

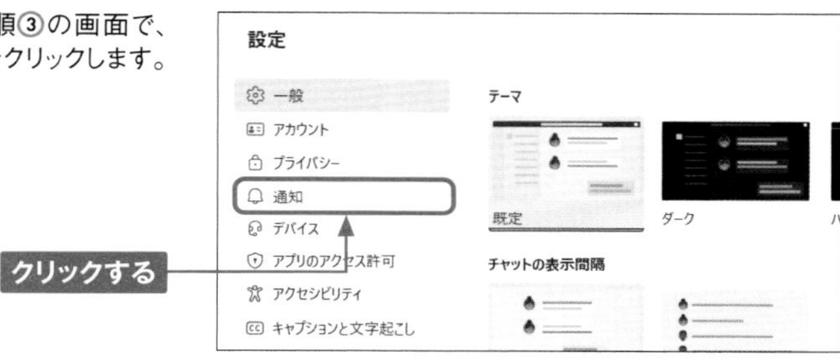

② 通知の設定を行えます。

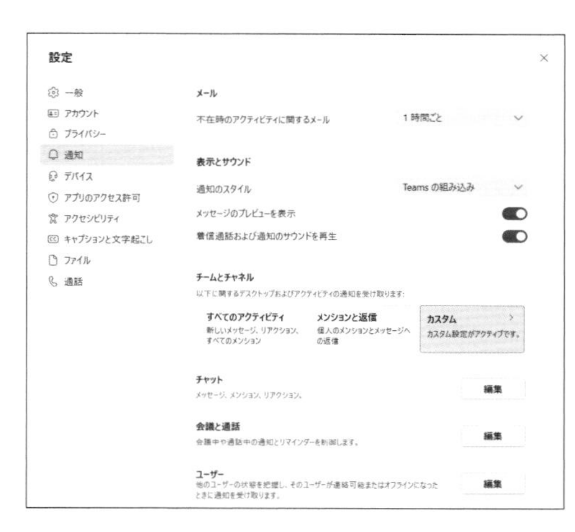

Memo 特定のメンバーの状態通知を管理する

手順②の画面下部にある「ユーザー」の[編集]をクリックします。「ユーザーの追加」に状態通知を管理したいメンバーの名前、またはメールアドレスを入力します。候補が表示されるので、任意のユーザー名をクリックすると、その人が連絡可能、またはオフラインになったときに通知を受け取ることができます。なお、Essentialsでは非対応です。

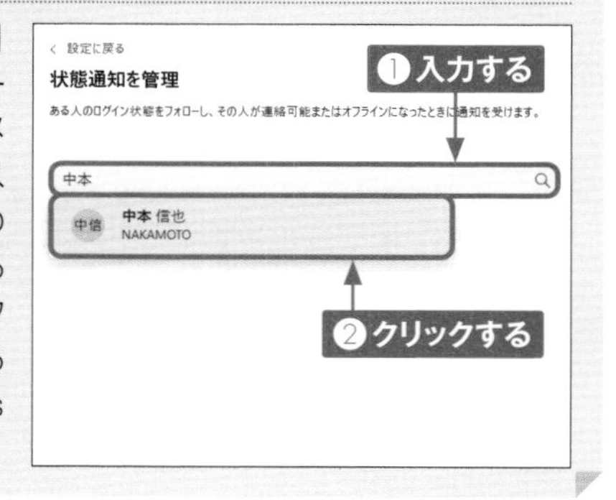

Section 44 チャットを別ウィンドウで表示する

Teamsのチャットは、別ウィンドウで表示することもできます。別ウィンドウで表示することで、チャットを行いつつ別の作業に着手できるなど、作業を効率化することができます。

チャットを別ウィンドウで表示する

① チャット画面で、をクリックします。

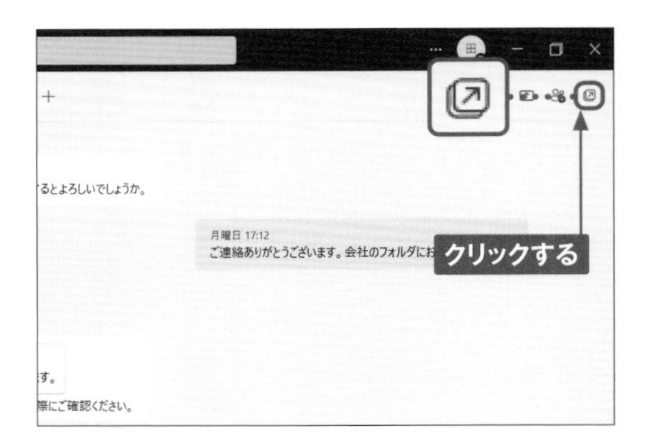

② チャットが別ウィンドウで表示されます。

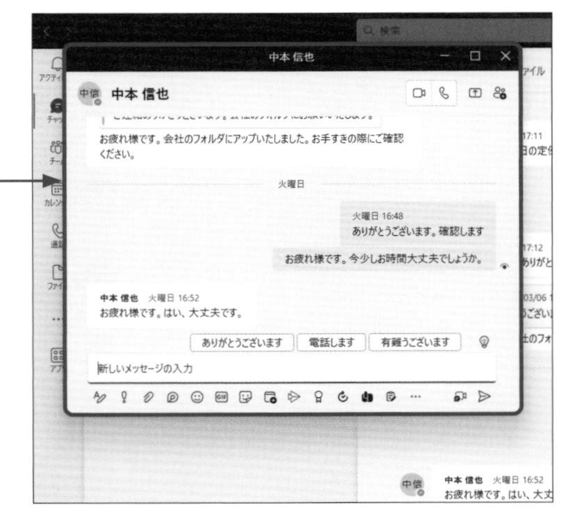

3 複数のチャットを別ウィンドウで同時に開きながら、別の作業を行うことも可能です。

4 ☒をクリックすると、別ウィンドウを閉じることができます。

Memo 別ウィンドウで表示可能なのはデスクトップ版のみ

別ウィンドウで表示可能なのは、デスクトップ版のチャットのみです。ブラウザー版でチャットを起動すると、別ウィンドウで表示のアイコンが存在しません。

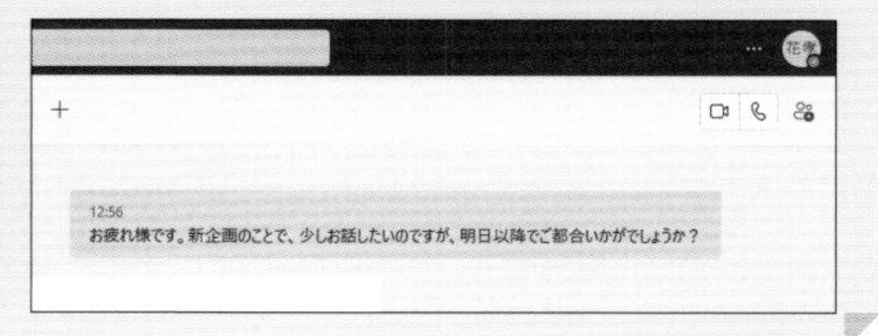

Memo チャットの表示間隔を変更する

チャットの表示間隔は必要に応じて変更できます。P.94手順③の画面で、「チャットの表示間隔」から［広め］または［コンパクト］をクリックして選択します。なお、既定では「広め」が設定されています。

Section 45

Essentials非対応

2段階認証を設定してセキュリティを強化する

2段階認証を設定すると、サインインする際にパスワードを入力後、スマートフォンかタブレットに入れた認証アプリからサインインの要求が行われ、セキュリティを強化することができます。

2段階認証を設定する

1 ⋯→［設定］の順にクリックします。

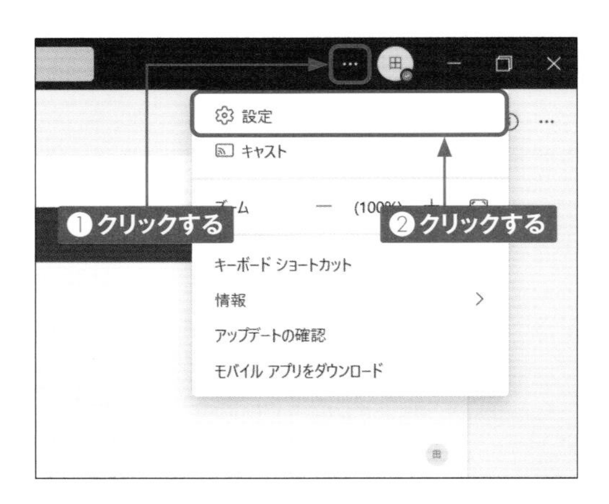

2 ［アカウント］→［管理］の順にクリックします。

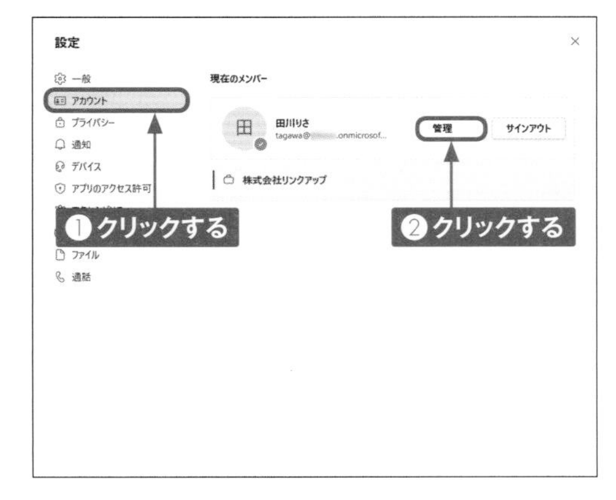

3 「アクションが必要」画面が表示されるので、[次へ]をクリックします。

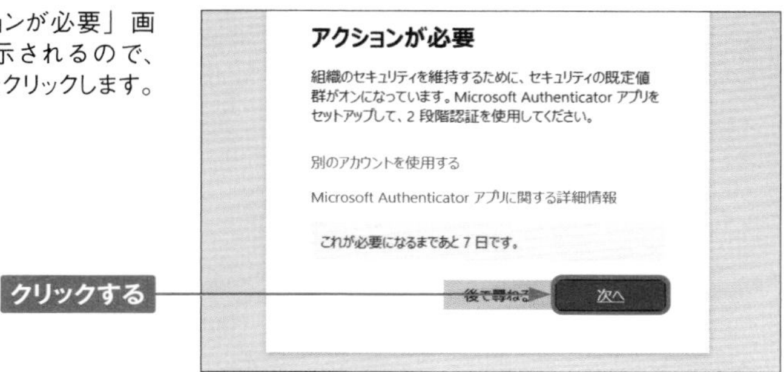

4 スマートフォンまたはタブレットに「Microsoft Authenticator」アプリをインストールし、[次へ]をクリックします。

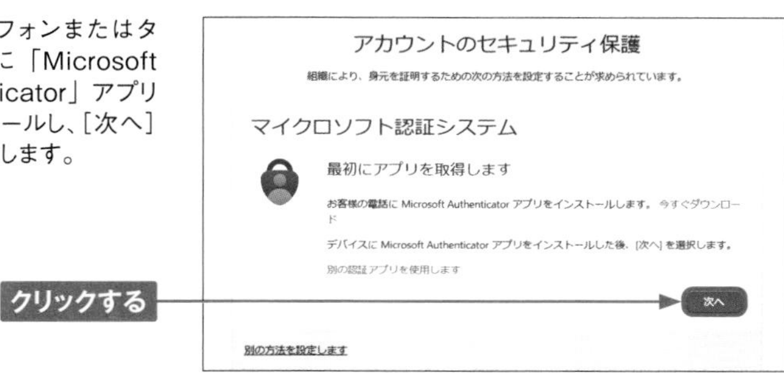

5 スマートフォンまたはタブレットで「Microsoft Authenticator」アプリを起動し、[職場または学校アカウントの追加]→[QRコードをスキャンします]の順にタップしておき、[次へ]をクリックします。

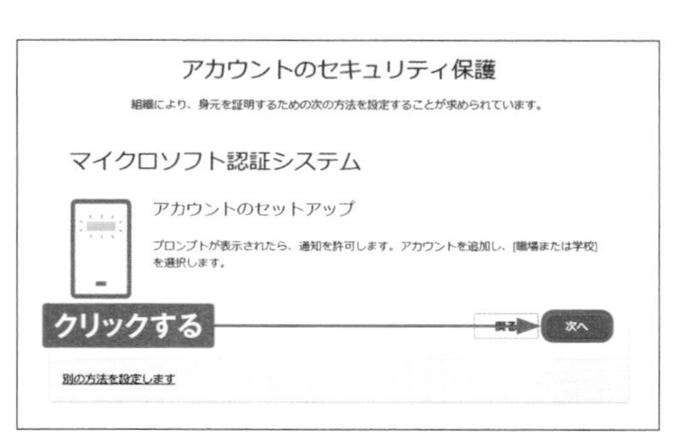

Memo 別の認証方法を設定する

手順④の画面で[別の方法を設定します]をクリックすると、認証アプリのほか、電話番号での認証方法を設定することができます。

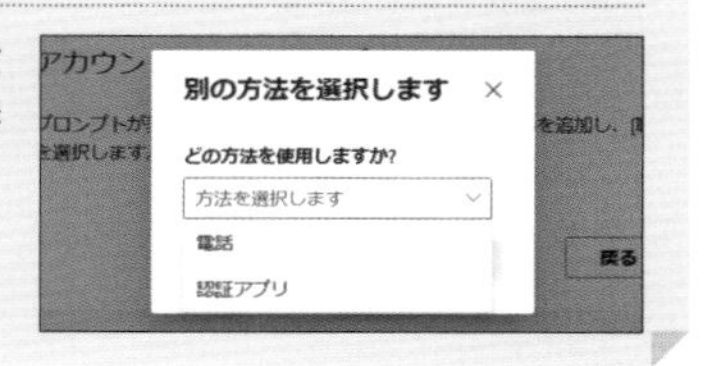

第6章 使いやすいように設定を変更する

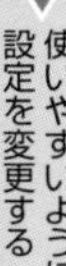

6 スマートフォンまたはタブレットでQRコードをスキャンし、[次へ] をクリックします。

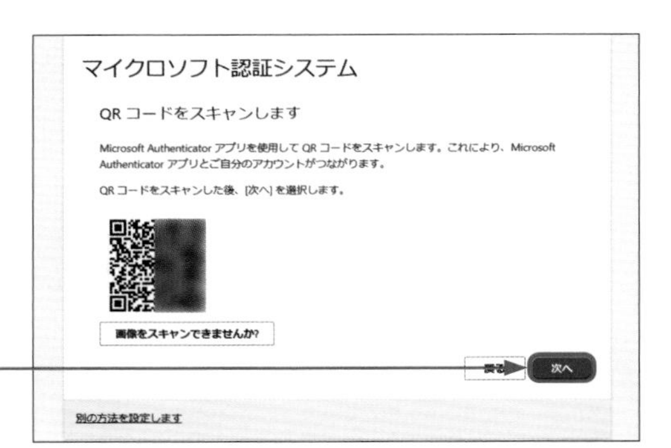

7 スマートフォンまたはタブレットで [承認] をタップし、[次へ] をクリックします。

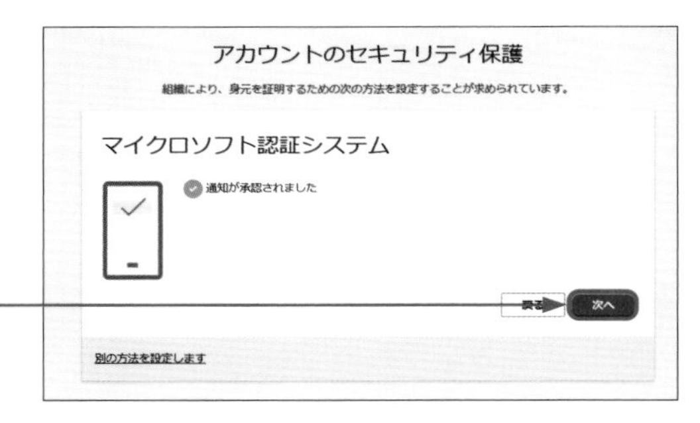

8 [完了] をクリックすると2段階認証が設定されます。

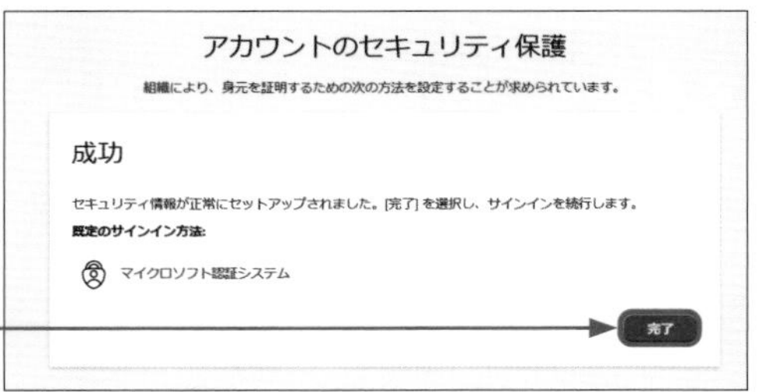

Memo 2段階認証でサインインする

認証アプリで2段階認証を設定すると、サインインしてパスワードを入力後、「サインイン要求を承認」画面が表示されます。スマートフォンまたはタブレットの「Microsoft Authenticator」アプリを起動し [承認] をタップすると、サインインすることができます。

第7章

チャネルでチーム内の話題を整理する

Section 46

Essentials非対応

チャネルを作成する

Microsoft Teamsのチームで作成できるチャネルは、「標準チャネル」と「プライベートチャネル」、「共有チャネル」の3種類があります。ここでは標準チャネルの作成方法を解説します。

チャネルには3つの種類がある

チャネルには、チームのメンバー全員に公開される「標準チャネル」と、所有者が招待したメンバーのみに公開される「プライベートチャネル」、チームや組織外のメンバーと共同作業ができる「共有チャネル」があります。標準チャネルはチームのメンバー全員に公開されるため、全体へのアナウンスなどに便利なチャネルです。プライベートチャネルは、特定の話題や小規模なプロジェクトなどのやり取りに向いています。プライベートチャネルを作成したら、その業務に携わるメンバーだけを招待しましょう（Sec.48参照）。共有チャネルは、チームの所有者のみが作成でき、組織外のメンバーやチームとチャネルを共有できます。

●標準チャネル

チームのメンバー全員が作成することができ、作成後はメンバー全員に公開されます。所有者はアクセスを制限したり、メンバーの役割を変更したりできます。

●プライベートチャネル

チームのメンバー全員が作成することができ、作成後は所有者が追加したメンバーのみに公開されます。プライベートチャネルはゲストが作成することはできません。

●共有チャネル

チームの所有者のみが作成することができ、作成後所有者が追加したメンバーのみに公開されます。

標準チャネルを作成する

1 「チーム」タブを表示し、チャネルを作成したいチームの … をクリックします。

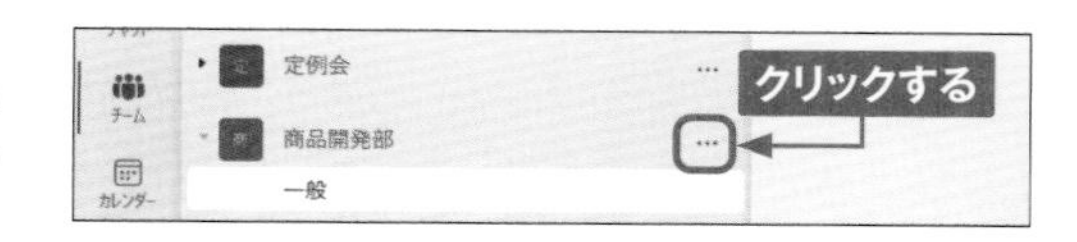

② ［チャネルを追加］をクリックします。

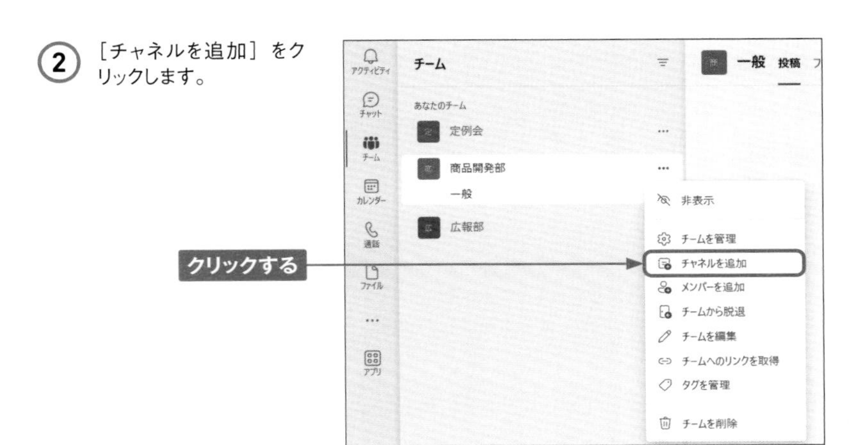

③ 「チャネル名」と「説明」を入力し、「プライバシー」で［標準-チームの全員がアクセスできます］をクリックして選択し、［追加］をクリックします。

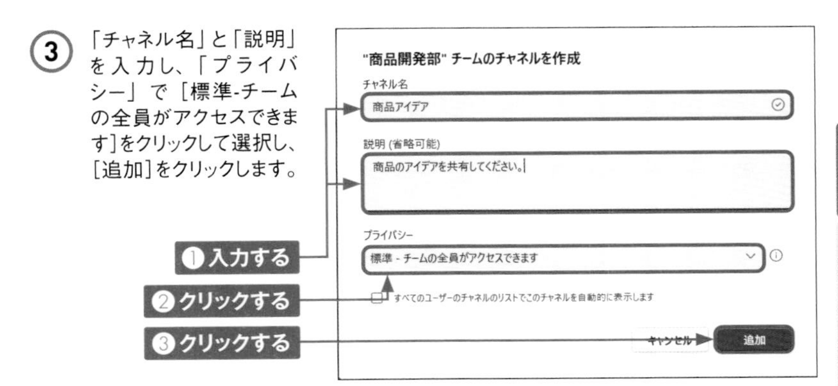

④ 標準チャネルが作成されます。

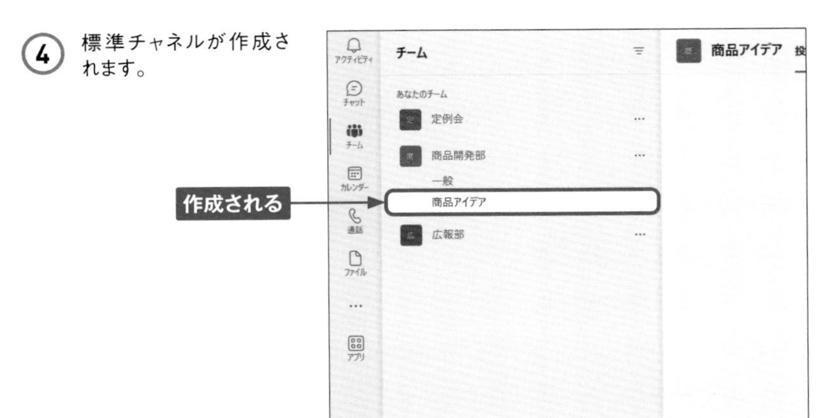

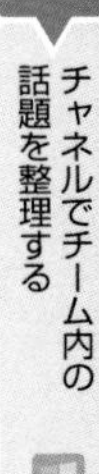

Section 47

Essentials非対応

プライベートチャネルを作成する

特定のメンバーと限定的な業務のやり取りをしたい場合は、プライベートチャネルを作成しましょう。プライベートチャネルは、チャネルの作成者（所有者）に招待されたメンバーのみが参加でき、それ以外のメンバーには公開されません。

プライベートチャネルを作成する

1 「チーム」タブを表示し、プライベートチャネルを作成したいチームの…→［チャネルを追加］の順にクリックします。

2 「チャネル名」と「説明」を入力し、「プライバシー」の［標準-チームの全員がアクセスできます］をクリックします。

"商品開発部" チームのチャネルを作成
チャネル名
経費報告
説明 (省略可能)
経費の報告をしてください。
①入力する
プライバシー
②クリックする
標準 - チームの全員がアクセスできます
すべてのユーザーのチャネルのリストでこのチャネルを自動的に表示します
キャンセル
追加

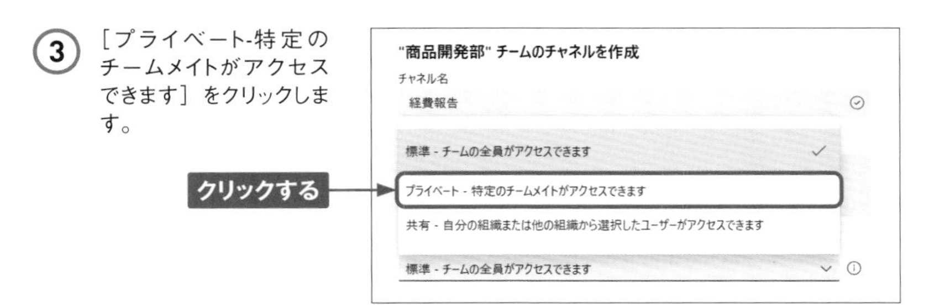

3 ［プライベート-特定のチームメイトがアクセスできます］をクリックします。

4 ［作成］をクリックします。

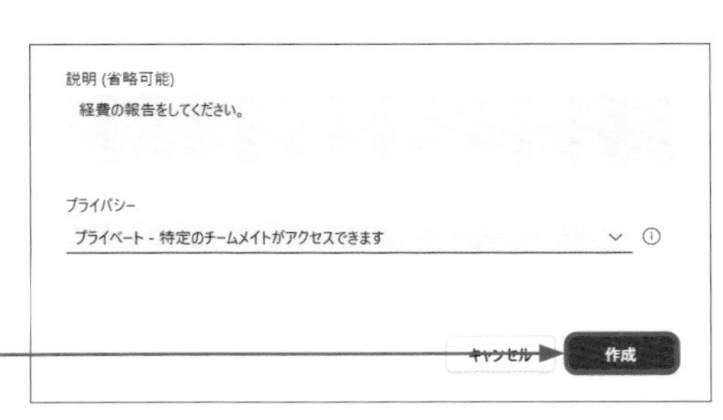

5 「○○チャネルにメンバーを追加する」画面が表示されます。メンバーはSec.48で追加しますので、ここでは［スキップ］をクリックします。

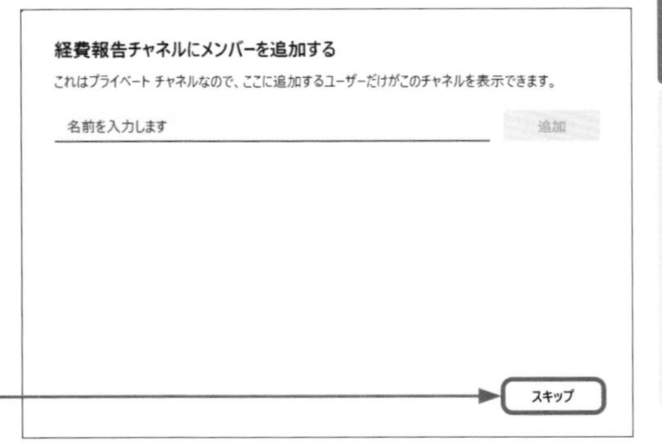

6 プライベートチャネルが作成されます。プライベートチャネルには、🔒が付きます。

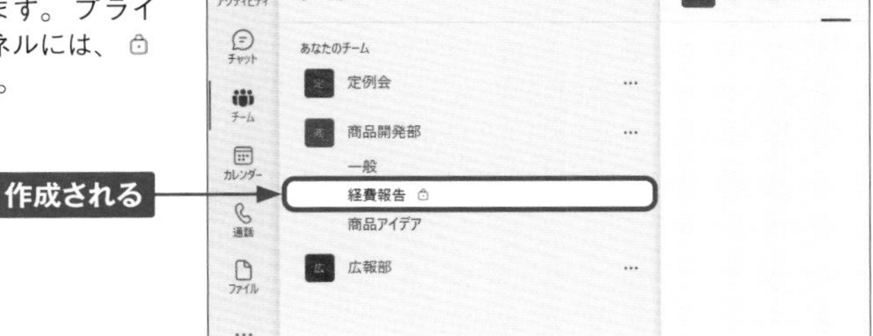

Essentials非対応

Section 48 プライベートチャネルにメンバーを追加する

プライベートチャネルを作成したら、チームのメンバーを招待しましょう。なお、追加するユーザーはチームのメンバーである必要があります。所有者に招待されたメンバーは、すぐにプライベートチャネルに参加できます。

プライベートチャネルにメンバーを追加する

1. メンバーを追加したいチャネルを表示し、画面右上の…をクリックして、［メンバーを追加］をクリックします。

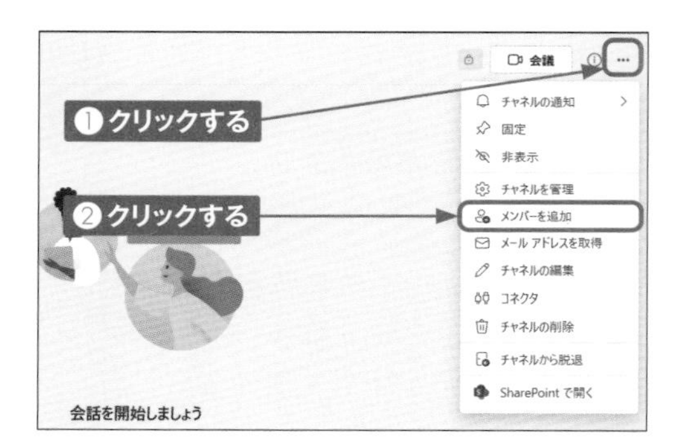

2. 追加するユーザーの名前を入力し、表示された候補をクリックします。

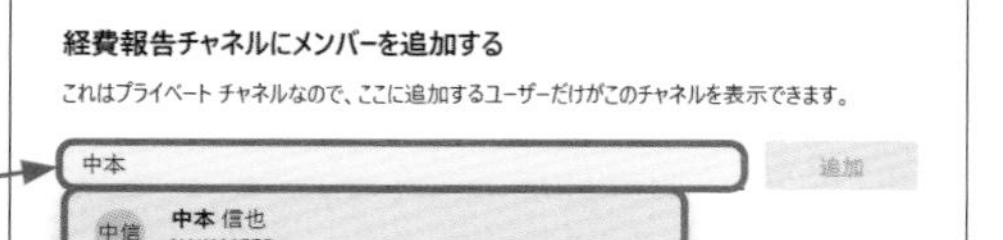

3. ［追加］をクリックします。この画面で同時に複数のメンバーを追加することもできます。

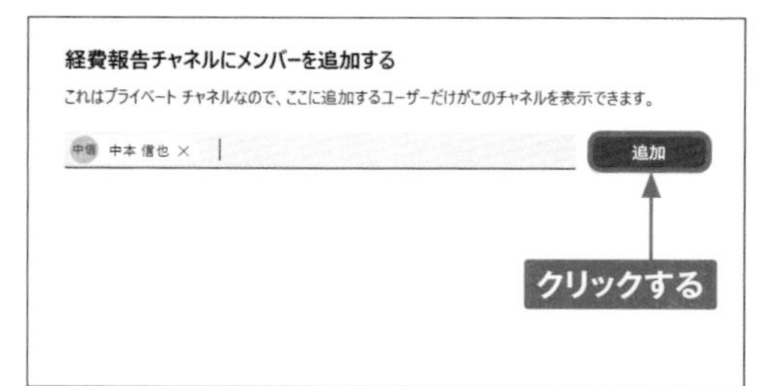

4 ［閉じる］をクリックします。

5 チャネル画面に戻ります。画面右上のⓘをクリックすると、チャネルのメンバーを確認できます。［すべて表示］をクリックします。

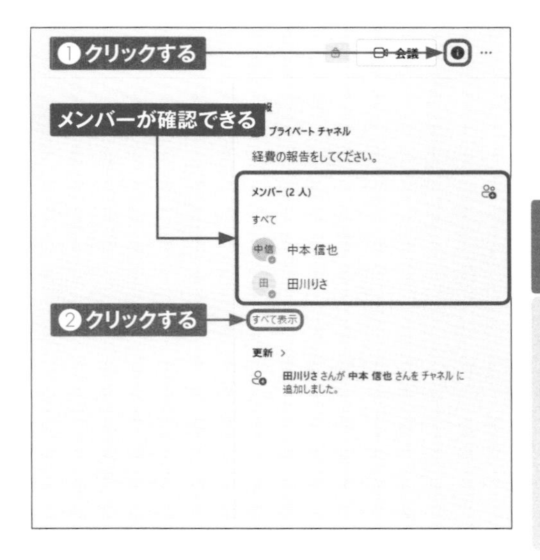

6 メンバーの管理画面が表示され、役職や役割を確認できます。

Section 49

Essentials非対応

チャネルを編集する

チャネルの所有者は、チャネルの名前や説明を変更したり、メンバーを編集したりすることができます。変更内容はチャネルのワークスペースに表示されます。なお、チーム作成時に追加される「一般チャネル」の名前は変更できません。

チャネルの情報を編集する

① 情報を編集したいチャネルを表示し、画面右上の … をクリックして、［チャネルの編集］をクリックします。

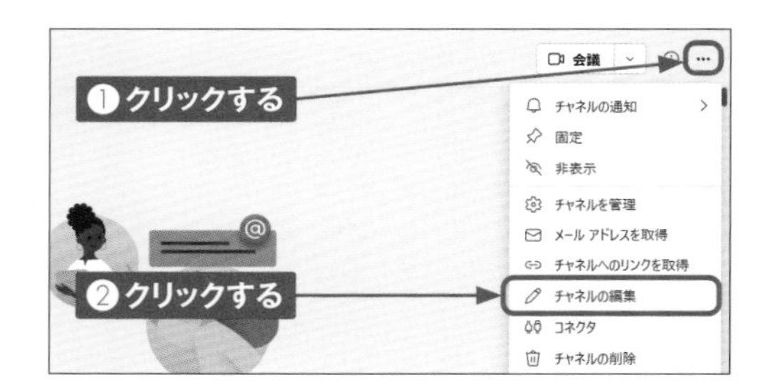

② 「チャネル名」や「説明」を編集し、［保存］をクリックします。

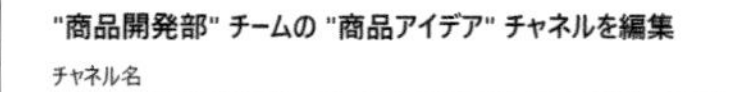

③ 変更が完了します。

チャネルのメンバーを編集する

1 メンバーを変更したいチャネルを表示し、画面右上のⓘをクリックして、［すべて表示］をクリックします。

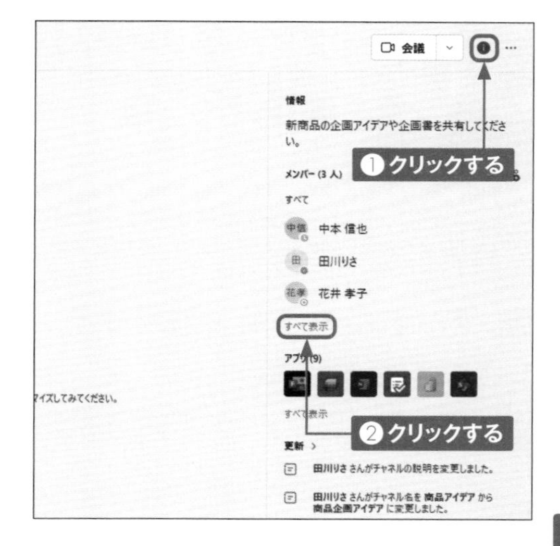

2 ［メンバーおよびゲスト］をクリックします。

3 メンバーの名前の横に表示されている［メンバー］をクリックすると、役割を変更できます。なお、×をクリックすると、メンバーを削除できます。

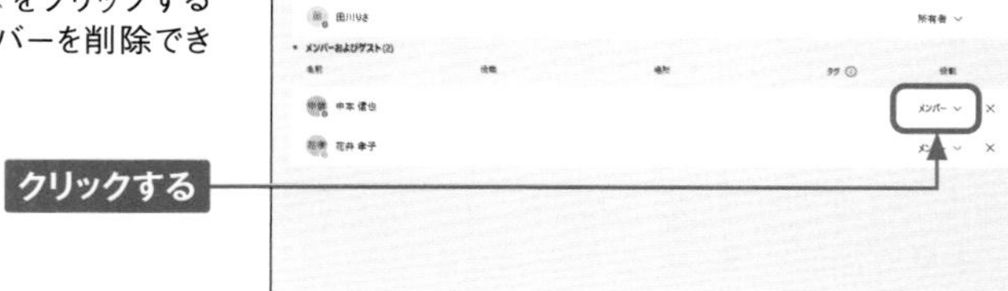

Essentials非対応

Section 50

チャネルの投稿を制限する

チャネルの所有者は、ゲストによる新しい投稿を制限したり、モデレーションを有効にしてメンバーへの返信を制限したりすることができます。デフォルトでモデレーターに設定されているのは、チャネルの所有者です。

チャネルの投稿を制限する

① 投稿を制限したいチャネルを表示し、画面右上の ··· をクリックして、［チャネルを管理］をクリックします。

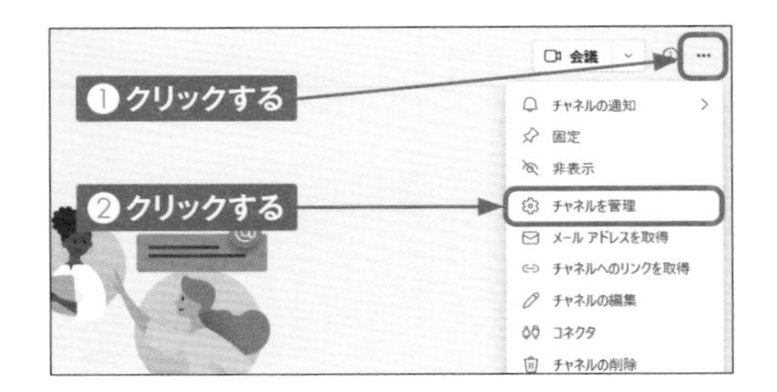

② ゲストの投稿を制限したい場合は、「新しい投稿を開始できるのは誰ですか?」の［ゲスト以外のだれでも新規の投稿を開始できます］をクリックして選択します。

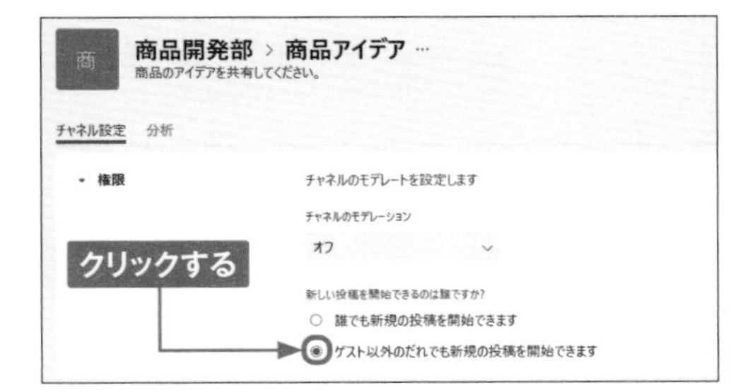

Memo 投稿の制限はチームの所有者しか設定できない

手順②の画面の「チャネル設定」で表示される各項目の設定を行えるのは、チームの所有者のみです。所有者ではないメンバーには手順②の画面がグレーで表示され、クリックができない状態になっています。所有者ではないメンバーが投稿制限の設定を行いたい場合は、所有者に役割を「メンバー」から「所有者」に変更してもらいましょう（Sec.58参照）。

チャネルのモデレートを設定する

1 P.114手順②の画面で「チャネルのモデレーション」の［オフ］をクリックします。

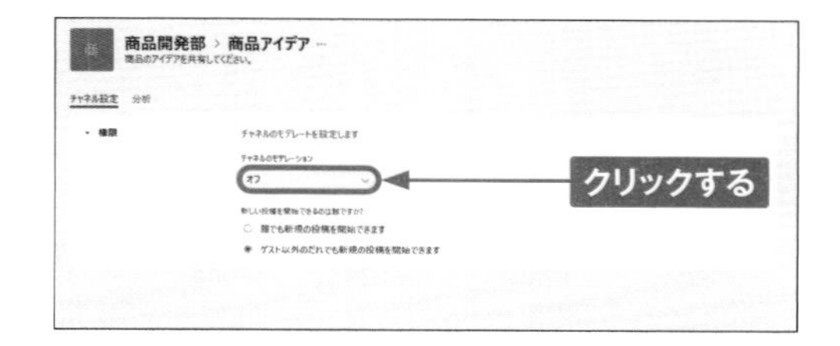

2 ［オン］をクリックします。

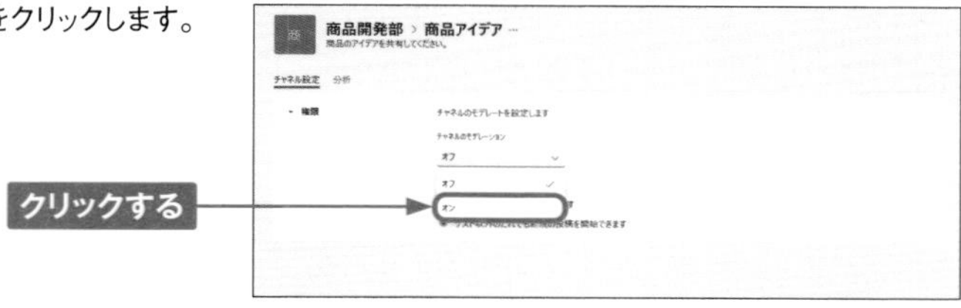

3 チームのメンバーのみが操作できる項目を設定できます。操作されたくない項目は、クリックしてチェックを外します。

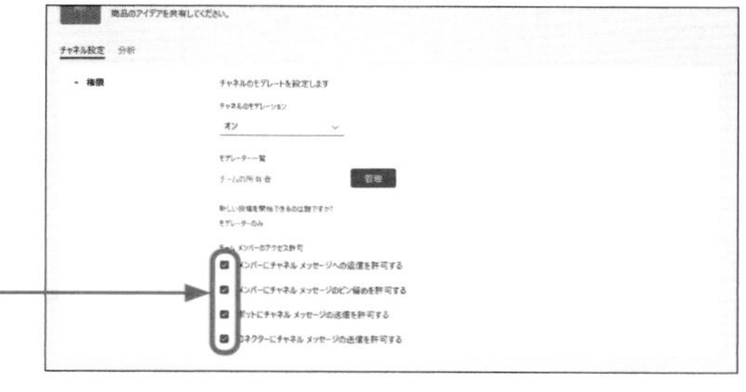

Memo **モデレーターとは**

モデレーターとは、そのチャネルで投稿を開始できるユーザーのことを指します。手順③の画面で「モデレーター一覧」の［管理］をクリックすると、モデレーターを追加したり削除したりできる画面が表示されます。

Memo **プライベートチャネルの場合**

プライベートチャネルの場合、モデレートを設定する機能はありません。ただし、P.111手順⑥の画面で［設定］→［メンバーアクセス許可］の順にクリックすると、メンバーのアクセス許可を変更することができます。

Essentials非対応

Section 51

チャネルを削除する

プロジェクトの終了などで不要になったチャネルは削除できます。ただし、そのチャネルの履歴はすべて失われてしまうので注意しましょう。なお、削除済みのチャネルであっても、一度作成したチャネルと同じ名前のチャネルは作成できません。

チャネルを削除する

① 削除したいチャネルを表示し、画面右上の…をクリックして、［チャネルの削除］をクリックします。

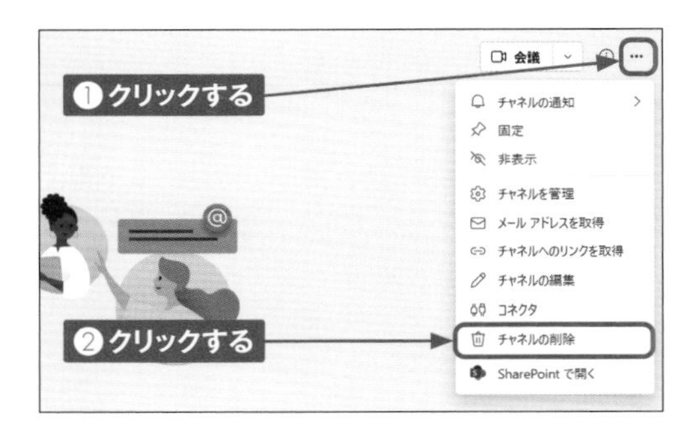

② 確認画面が表示されるので、内容を確認して、［削除］をクリックします。

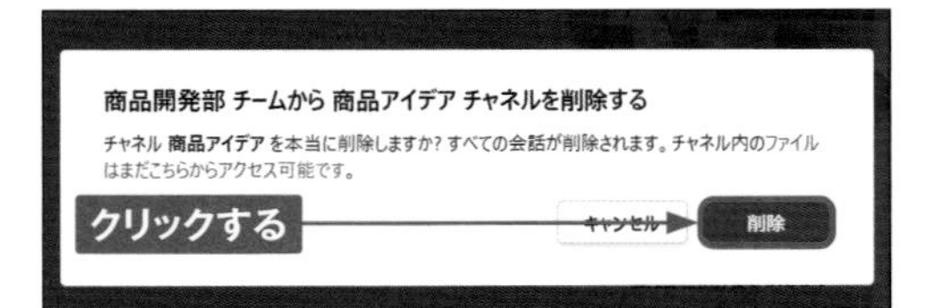

Memo プライベートチャネルから脱退する

プライベートチャネルのメンバーは、プライベートチャネル画面右上の…→［チャネルから脱退］→［チャネルから脱退］の順にクリックすると、チャネルから脱退することができます。なお、チャネルの所有者は所有権をほかのメンバーに与えなければ脱退できません。

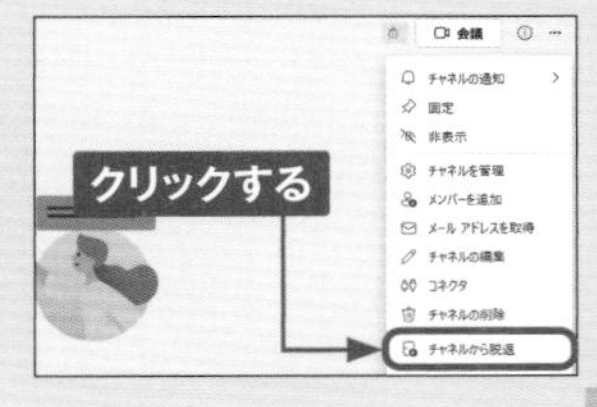

第8章

組織やチームを管理する

Section 52

Essentials非対応

組織にメンバーを追加する

「組織」にメンバーを追加できるのは管理者だけです。メンバーの追加はMicrosoft 365の管理センターから行います。追加したユーザーには、初回サインイン時に仮パスワードを変更してもらうよう設定しましょう。

組織にメンバーを追加する

1 WebブラウザーでMicrosoft 365（https://www.office.com/）にアクセスし、サインインしたら、⁝⁝⁝→［管理］の順にクリックします。

2 ［ユーザーを追加］をクリックします。

3 追加するユーザーの姓名、表示名、ユーザー名、パスワードを入力します。

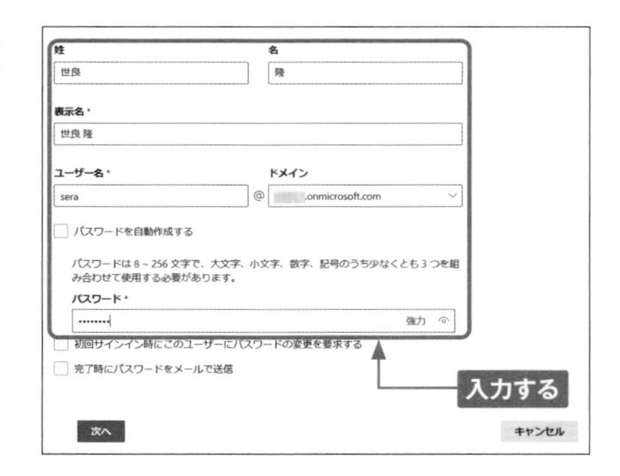

4 「初回サインイン時にこのユーザーにパスワードの変更を要求する」のチェックボックスをクリックしてチェックを付け、[次へ]をクリックします。

5 追加するユーザーに割り当てるライセンスをクリックして選択し、[次へ]をクリックします。

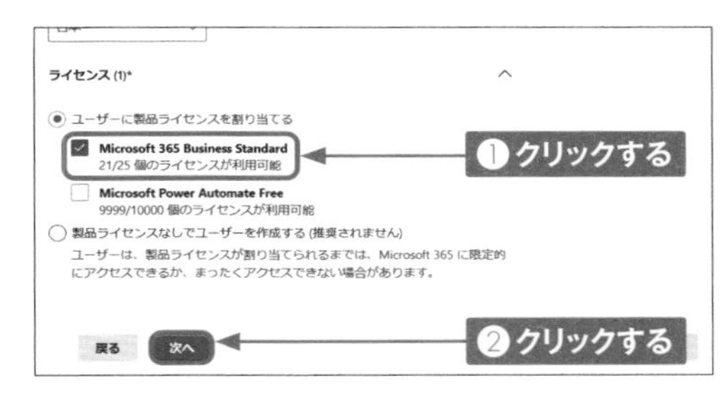

6 必要に応じて役割やプロファイル情報の設定を行い、[次へ]をクリックします。

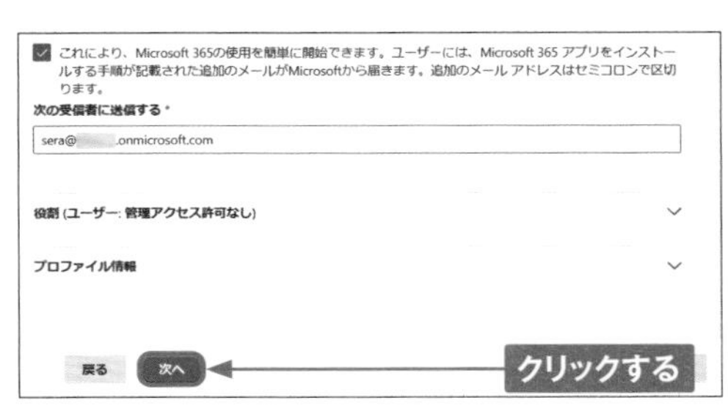

7 [追加の完了]→[閉じる]の順にクリックすると、ユーザーが追加されます。

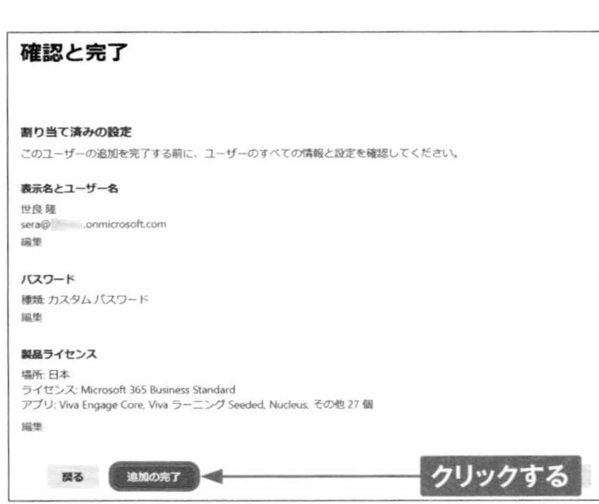

Section 53

Essentials非対応

チームを新規作成する

作成するチームの種類によって、メンバーの追加方法が異なります。「パブリック」で作成すると、組織に所属している人は誰でも参加できます。チーム所有者の承認により、メンバーを追加する場合は「プライベート」で作成します。

チームを作成する

① メニューバーから［チーム］→［チームに参加、またはチームを作成］の順にクリックします。

ヘルプ

クリックする

チームに参加、またはチームを作成

② ［チームを作成］をクリックします。

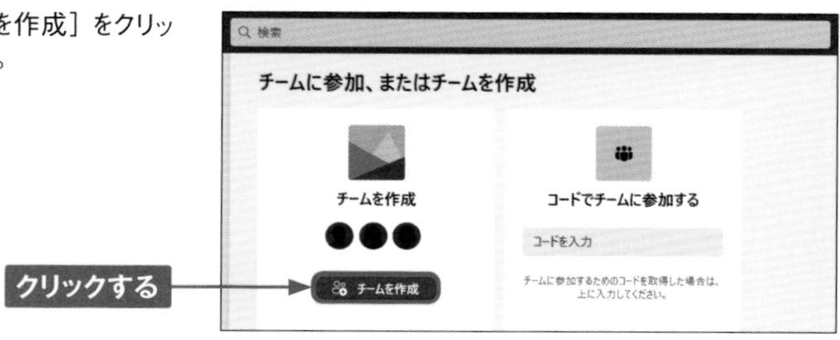

③ ［最初から］をクリックします。

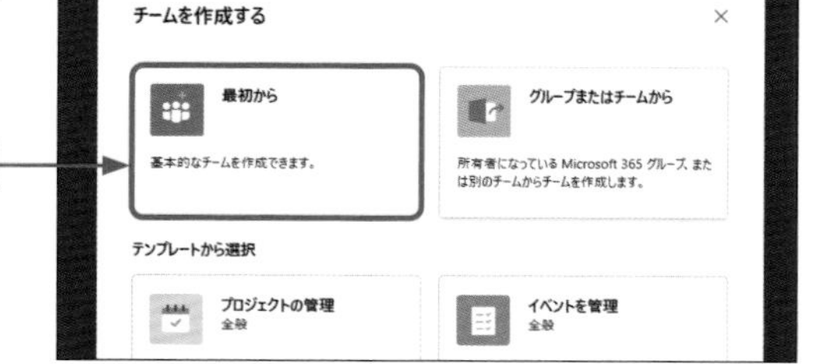

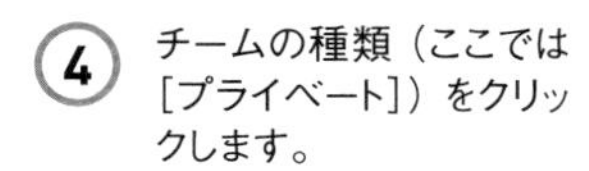

4 チームの種類（ここでは［プライベート］）をクリックします。

5 チーム名や説明を入力し、［作成］をクリックします。

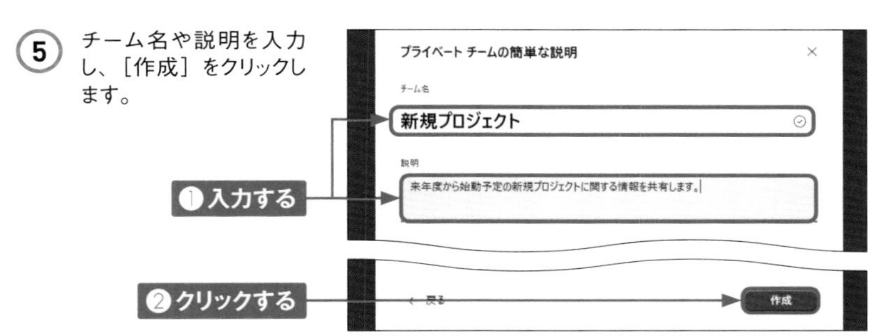

6 ［スキップ］をクリックします。

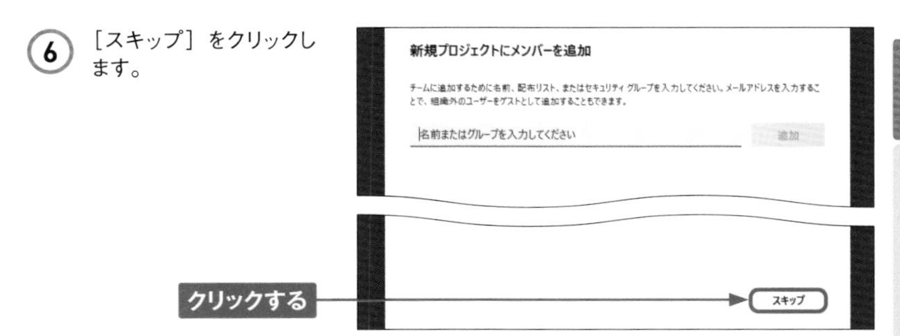

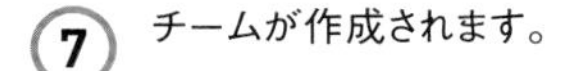

7 チームが作成されます。

第8章 組織やチームを管理する

Essentials非対応

Section 54

チームにメンバーを追加する

チームの所有者は、チーム内のメンバーを追加できます。追加されたメンバーは何も操作することなく、チームに参加できます。また、チームのリンクを共有して参加してもらうこともできます。

チームにメンバーを追加する

① メニューバーから［チーム］→…の順にクリックして、［メンバーを追加］をクリックします。

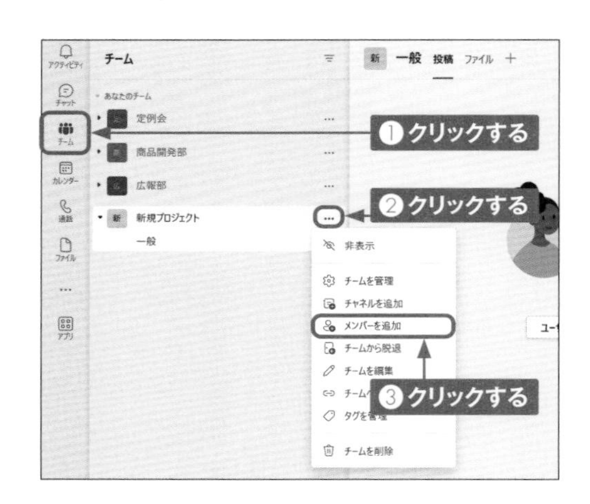

② 追加するメンバーの名前を入力し、表示された候補をクリックします。

新規プロジェクトにメンバーを追加

チームに追加するために名前、配布リスト、またはセキュリティ グループを入力してください。メールアドレスを入力することで、組織外のユーザーをゲストとして追加することもできます。

①入力する　中本　追加

②クリックする　中本 信也 NAKAMOTO

③ ［追加］をクリックします。この画面で同時に複数のメンバーを追加することもできます。

新規プロジェクトにメンバーを追加

チームに追加するために名前、配布リスト、またはセキュリティ グループを入力してください。メールアドレスを入力することで、組織外のユーザーをゲストとして追加することもできます。

中本 信也 ×　追加

クリックする

4 ［閉じる］をクリックします。

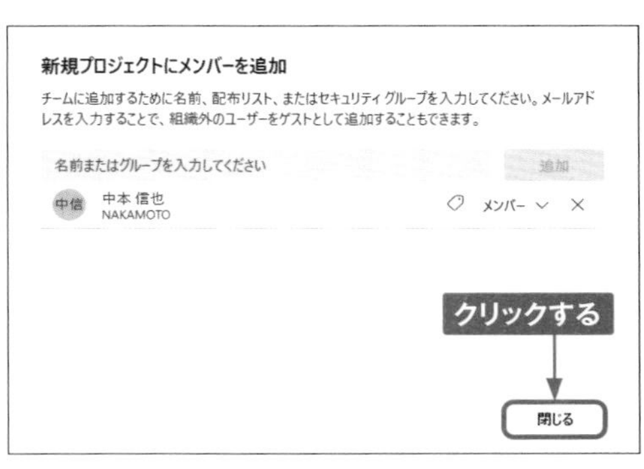

5 チーム画面に戻ります。画面右上のⓘをクリックすると、チームのメンバーを確認できます。［すべて表示］をクリックします。

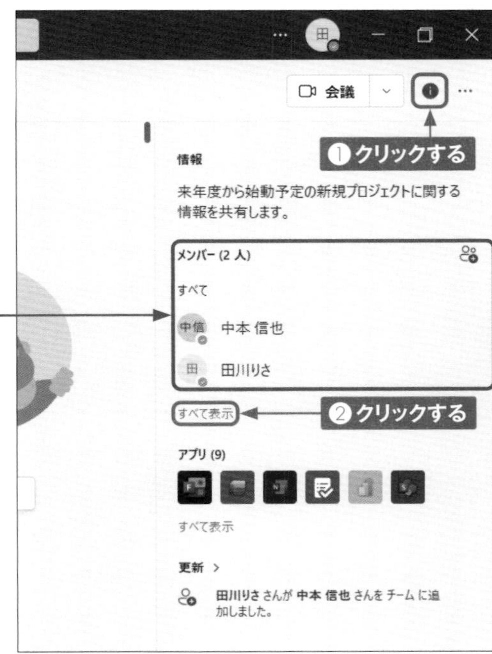

6 メンバーの管理画面が表示され、役職や役割を確認できます。

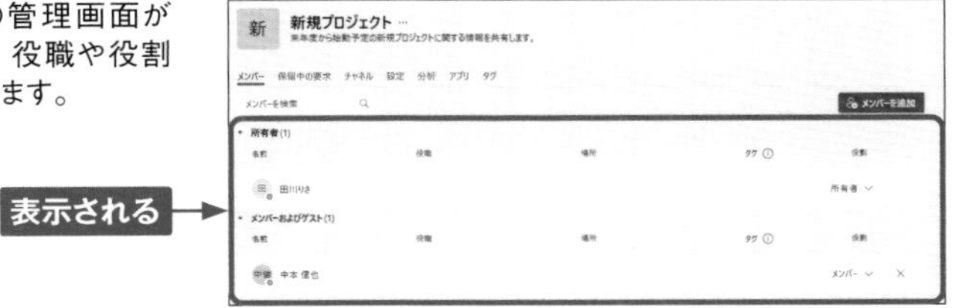

第8章 組織やチームを管理する

チームへの参加リンクを相手に送信する

① P.122手順①の画面で［チームへのリンクを取得］をクリックします。

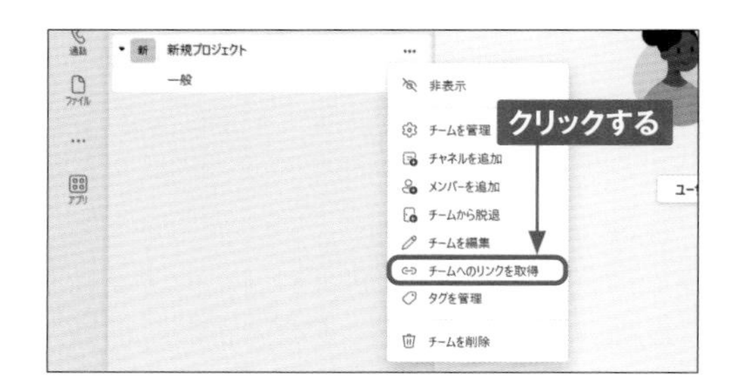

② ［コピー］をクリックし、リンクをメールやチャットなどで相手に送信します。

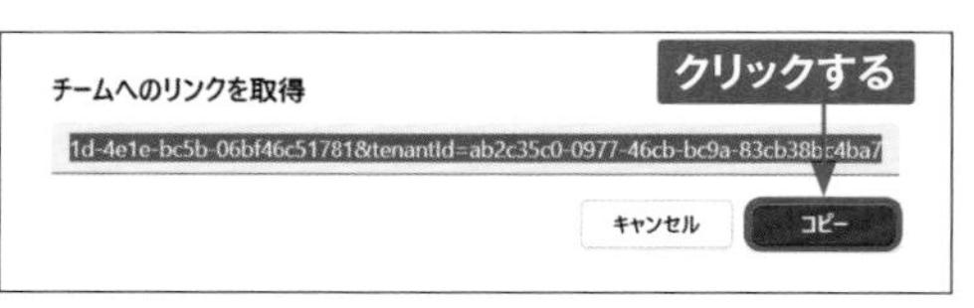

チームへの参加リクエストを所有者に送信する

① 受信メールやチャットのリンクをクリックします。

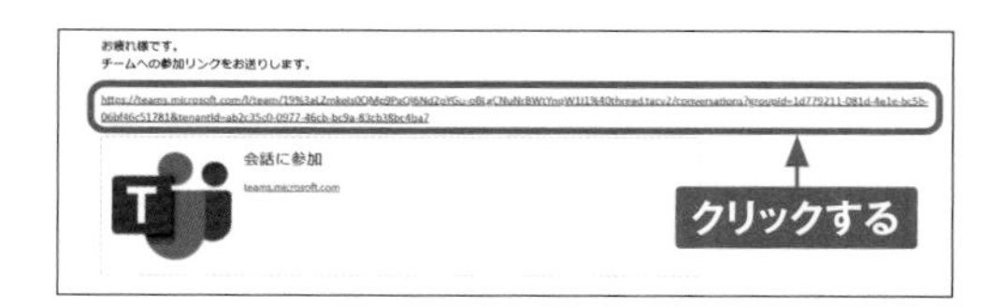

② Teamsにサインインし、［参加］をクリックします。

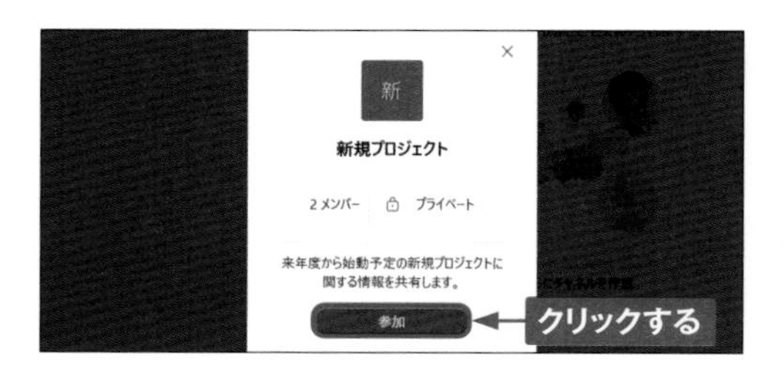

Memo チームへの参加リクエストを承諾する

プライベートチームの場合、所有者には参加リクエストが届くので［アクティビティ］をクリックし、参加リクエストの通知をクリックしたら、［承諾］をクリックしてメンバーを追加しましょう。

Section 55

Essentials非対応

チームに組織外のメンバーを追加する

チームの所有者は、組織に所属していない外部の人をチームに招待し、ゲストとして参加させることができます。ゲストの場合、チーム内でできることは制限されますが、チャットやビデオ会議、ファイル共有などは利用可能です。

チームにメンバーをゲストとして追加する

1 P.122手順①を参考に、メンバーを追加画面を表示したら、追加する組織外のメールアドレスを入力し、[○○をゲストとして追加]をクリックします。

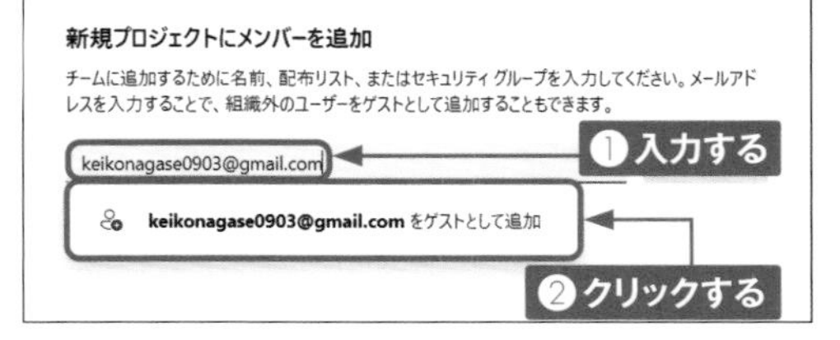

2 [追加]をクリックします。この画面で同時に複数のメンバーを追加することもできます。

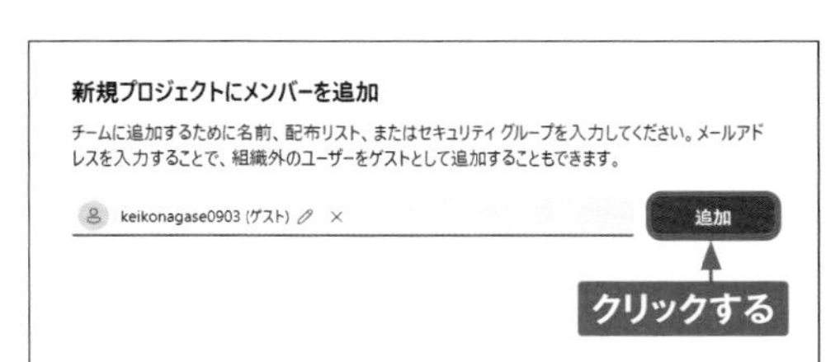

3 [閉じる]をクリックします。

Section 56

Essentials非対応

組織のメンバーを削除する

「組織」に所属しているメンバーが退社した場合などは、管理者はメンバーを削除することができます。削除したメンバーやそのデータは、削除後最大30日以内であれば、復元することも可能です。

組織からメンバーを削除する

1. P.118手順②の画面で削除するメンバーの ⋮ →［ユーザーの削除］の順にクリックします。

ユーザー　Teams　サブスクリプション　学習　セットアップ

Microsoft 365サブスクリプションに含まれるアプリとサービスにアクセスできるユーザーを管理します。ユーザーの追加または削除、ライセンスの管理、パスワードのリセットを行います。

＋ ユーザーの追加　パスワードのリセット

名前 ↑　サインイン用のユーザ名　ライセンス

inoue230306　keikonagase0903　世良 隆　中本 信也　田川りさ　花井 孝子

製品ライセンスの管理　ユーザー名の編集　ユーザーの削除

①クリックする

②クリックする

2. 必要な項目をクリックしてチェックを付け、［ユーザーの削除］をクリックします。

①クリックする

②クリックする

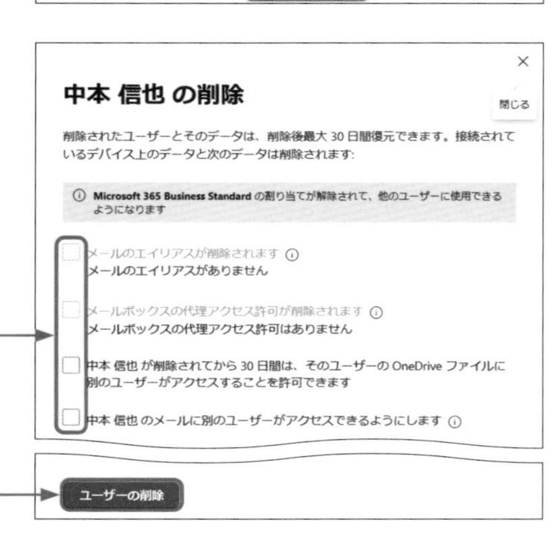

③ ユーザーが削除されます。

削除したメンバーを復元する

① P.118手順②の画面で≡→［ユーザー］→［削除済みのユーザー］の順にクリックします。

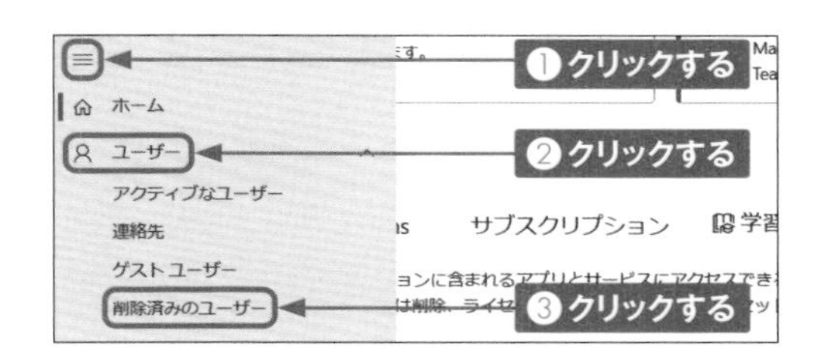

② 復元したいユーザーのチェックボックスをクリックしてチェックを付け、［ユーザーの復元］をクリックします。

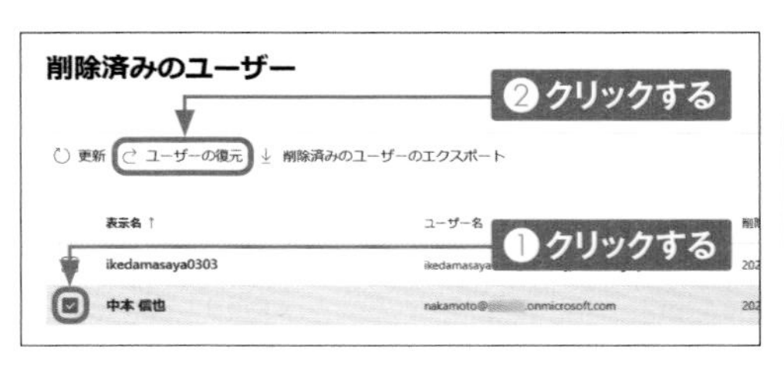

③ 必要な項目をクリックしてチェックを付け、［復元する］をクリックすると、組織にメンバーが再び追加されます。

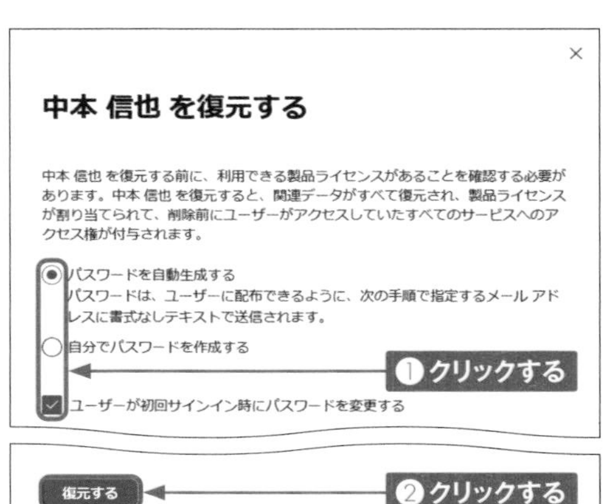

Section 57

Essentials非対応

チームのメンバーを削除する

チームのメンバーを削除できるのは、チームを作成した所有者か、「所有者」の役割に設定されているメンバーです。なお、組織のメンバーとしては削除されないため、再度チームに追加したり、ほかのチームに追加したりすることが可能です。

「チームを管理」からメンバーを削除する

1 メニューバーから［チーム］→…の順にクリックします。

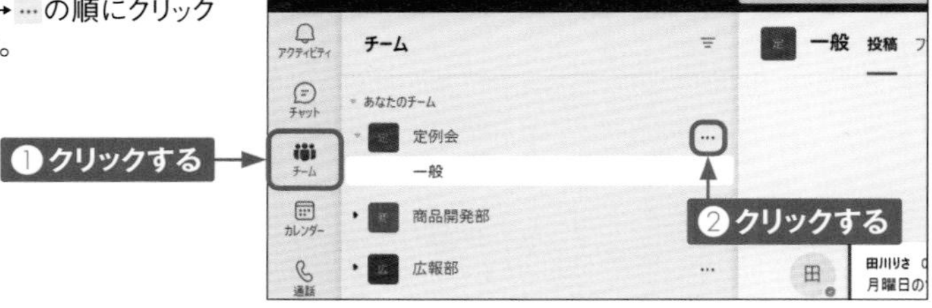

2 ［チームを管理］をクリックします。

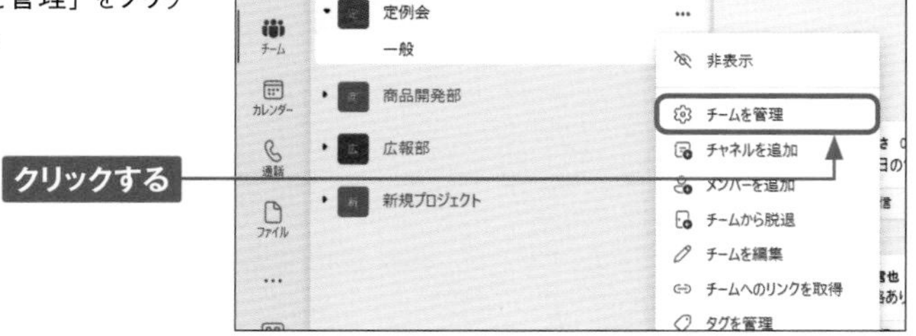

3 ［メンバー］→［メンバーおよびゲスト］の順にクリックします。

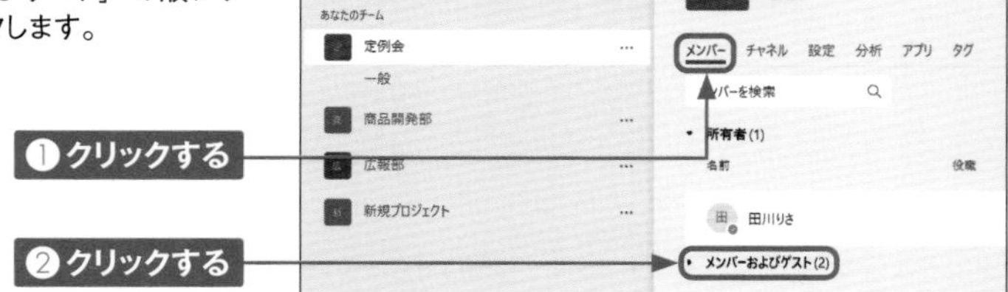

4 削除するメンバーの×をクリックします。

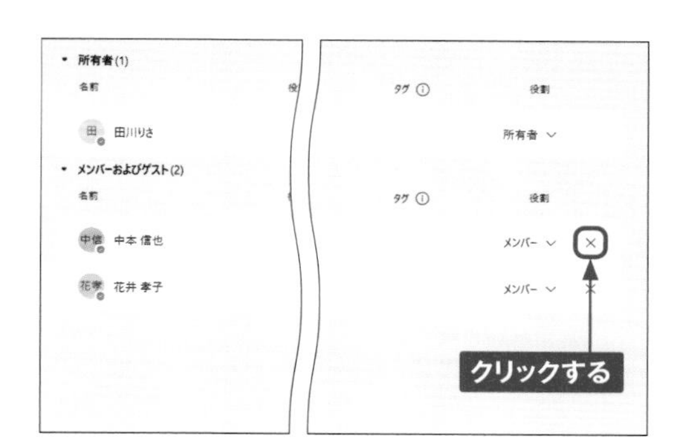

5 チームのメンバーから削除されます。

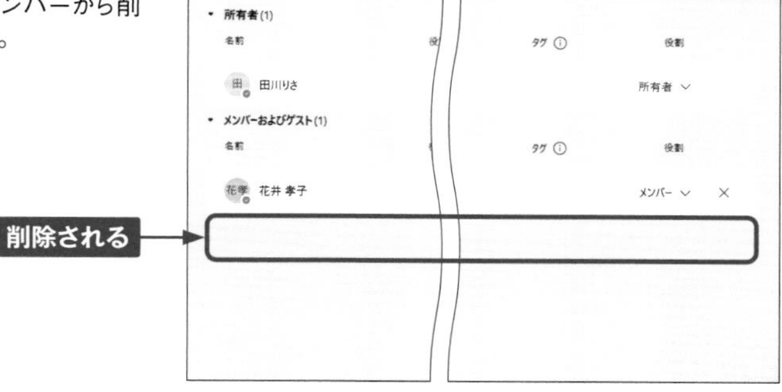

6 組織のメンバーとしては、削除されていません。

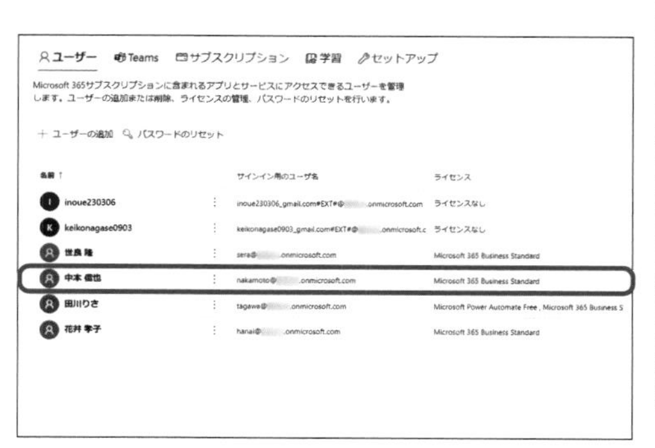

Memo 所有者であるメンバーを削除するには

所有者を削除する場合には、Sec.58を参考に「所有者」から「メンバー」に役割を変更しましょう。役割が「所有者」の状態では、削除することができません。

Essentials非対応

Section 58 チームのメンバーの役割を変更する

チームのメンバーには、「所有者」と「メンバー」という役割があります。この役割によって、可能な操作が異なります。なお、チームのアクセス許可設定を変更することで、「メンバー」がより多くの操作を行うことも可能です。

メンバーの役割を変更する

① メニューバーから［チーム］→ … の順にクリックします。

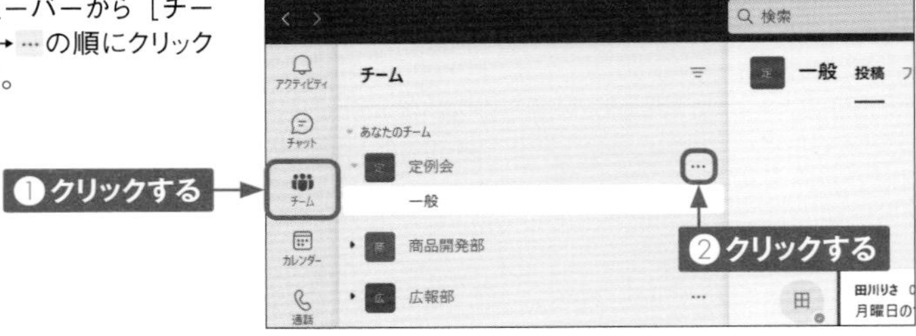

② ［チームを管理］をクリックします。

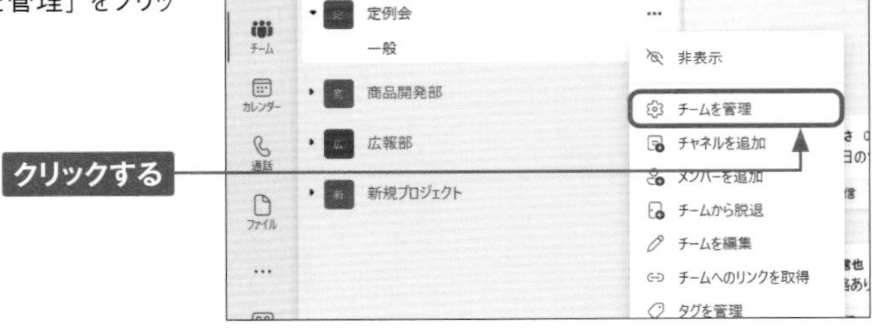

③ ［メンバー］→［メンバーおよびゲスト］の順にクリックします。

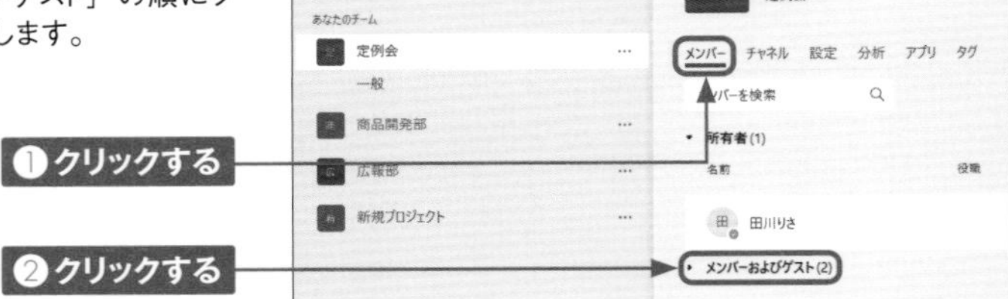

4 役割を変更するメンバーの∨をクリックします。

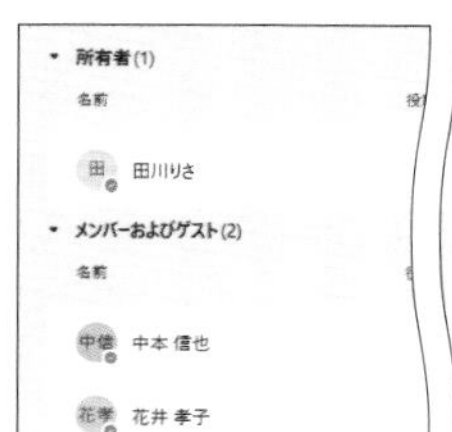

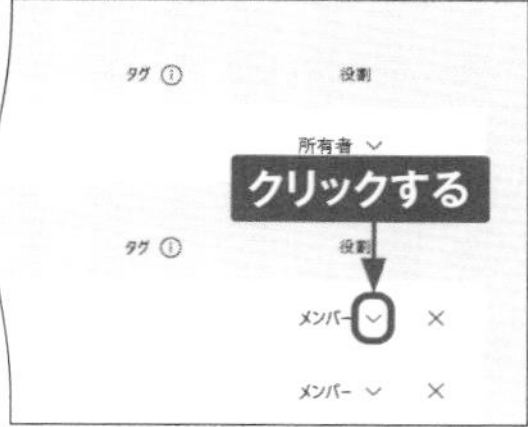

5 ［所有者］をクリックします。

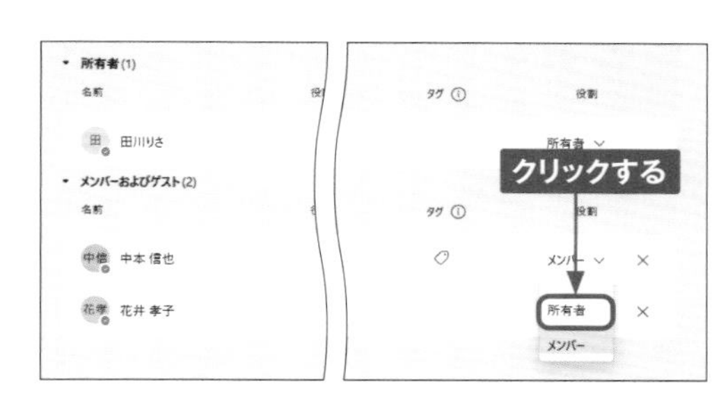

6 役割が「所有者」に変更されます。

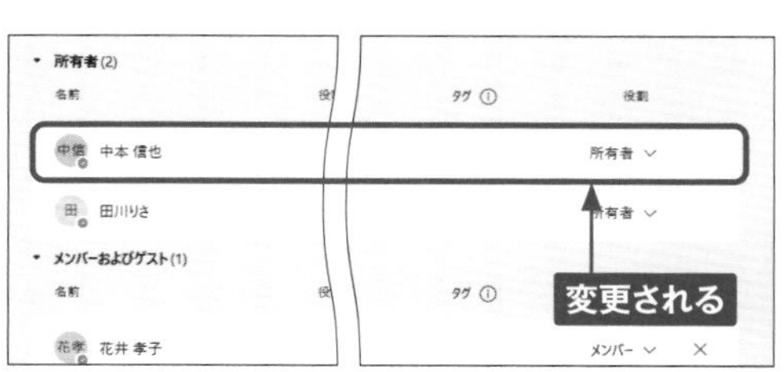

Memo 所有者とメンバーの違い

「チーム」の所有者とメンバーの違いは次の通りです。なお、「組織」のメンバーであれば基本的にだれでもチームを作成することができます（管理者権限で制限されている場合もあります）。

操作	所有者	メンバー
チームの編集と削除	○	×
チームの設定	○	×
メンバーとゲストの追加と削除	○	×
チャネルの追加と削除	○	○
チャネル名や説明の編集	○	○
タブ・コネクタ・ボットの追加	○	○

Essentials非対応

Section 59 使い終わったチームをアーカイブする

プロジェクトなどが終了し、必要のなくなったチームは、アーカイブして保存することができます。アーカイブしたチームは、チャネル作成やコメント投稿ができなくなります。メンバーの追加や削除、これまでのアクティビティの表示は可能です。

チームをアーカイブする

① メニューバーから［チーム］→⚙の順にクリックします。

② …→［チームをアーカイブ］の順にクリックします。

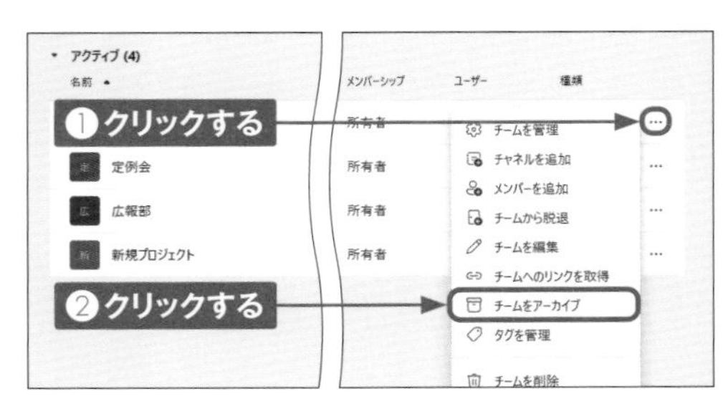

③［アーカイブ］をクリックします。

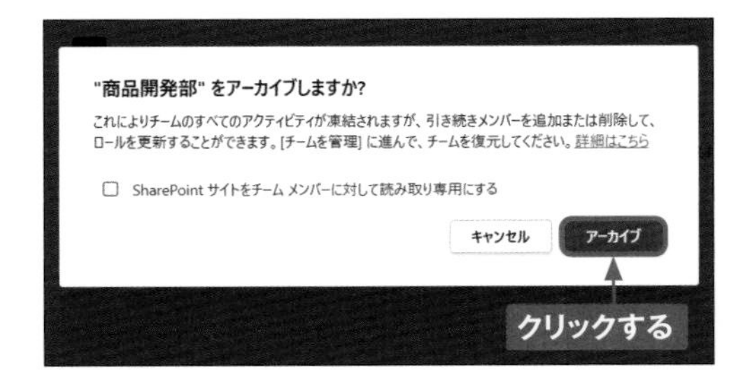

第9章

スマートフォンや タブレットで利用する

Section 60

Teamsモバイルアプリを利用する

Teamsは、パソコンのほか、iPhoneやAndroidなどのスマートフォン、iPadやAndroidタブレットなどの端末でも利用可能です。緊急時に連絡を取ったり、移動中にチャットや予定を確認したりすることができ、便利です。

Teamsモバイルアプリとは

Teamsモバイルアプリは、iOS版とAndroid版の2種類が無料で提供されています。iOS版とAndroid版には、機能において大きな差はありません。モバイルアプリをスマートフォンへインストールし、職場、学校、または個人用のMicrosoftアカウントでサインインして利用します。モバイルアプリにおいても、チャネルの作成やメッセージの確認と投稿、共有ファイルの閲覧、個人用チャット、グループチャット、ビデオ会議の予約や共有、参加、在席状況の変更など、パソコンで利用する場合と同じ操作ができます。外出先からでもTeamsを利用することができるようになるため、業務をよりスピード感を持って進めることができ、コミュニケーションや情報共有がはかどります。

https://www.microsoft.com/ja-jp/microsoft-365/microsoft-teams/teams-for-home

Teamsモバイルアプリにサインインする

Teamsモバイルアプリにサインインし、早速利用を始めてみましょう。アプリのインストールについてはSec.61を参照してください。

1 Teamsモバイルアプリを起動して、職場、学校、または個人のMicrosoftアカウントを入力し、［次へ］をタップします。

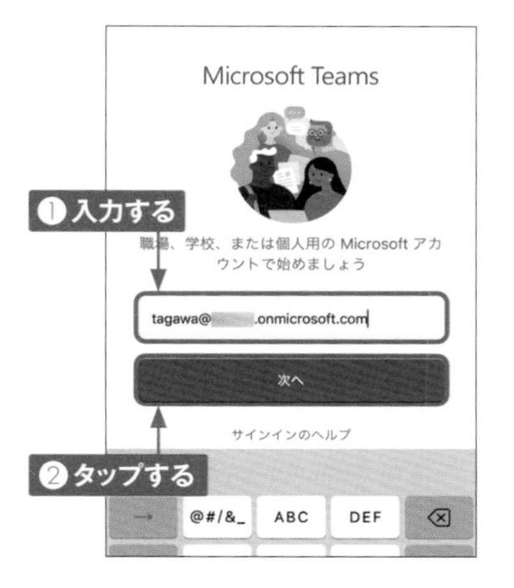

2 パスワードを入力し、［サインイン］をタップします。

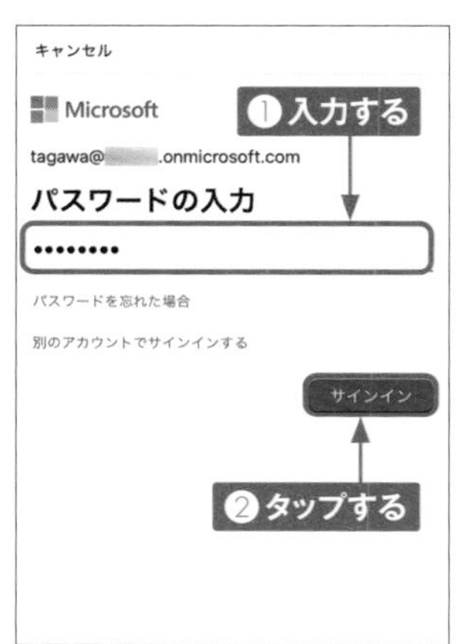

3 多要素認証を有効にしている場合は「Microsoft Authenticator」アプリで［承認］をタップします（Sec.45参照）。初回起動時は［許可］→［OK］の順にタップします。

4 ［次へ］を3回タップし、［OK］をタップします。

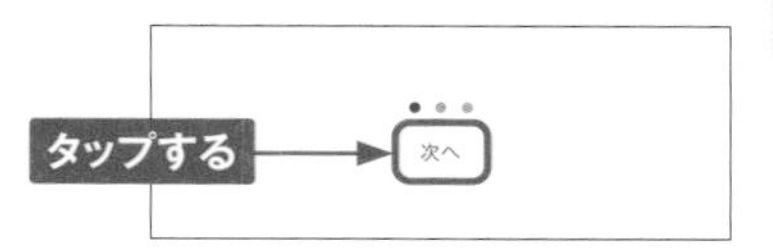

5 Teamsにサインインできます。

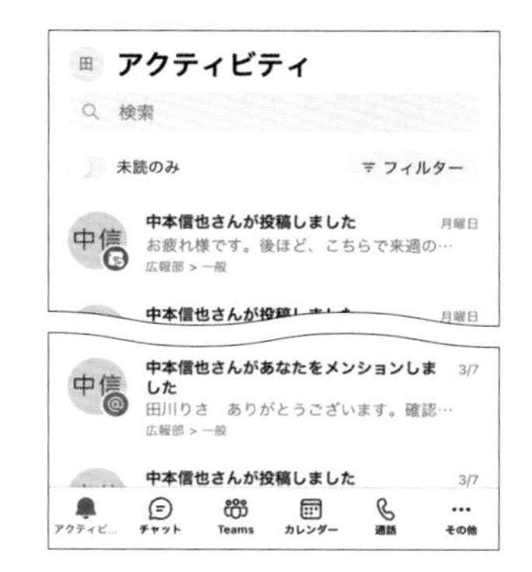

Section 61 アプリをインストールする

スマートフォンでTeamsを利用するためには、アプリストアから無料の「Teams」アプリをインストールする必要があります。なお、サインインするアカウントが有料版プランを利用できるアカウントであれば、自動的に有料版の機能が有効になります。

iOS版アプリをインストールする

① App Storeで「Teams」と入力し、[検索] をタップします。

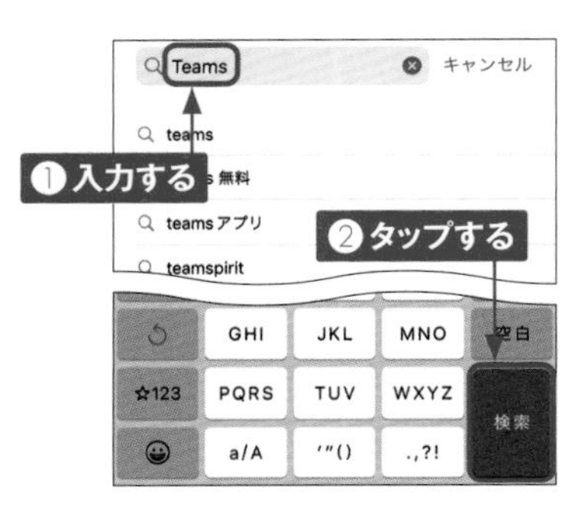

② [入手] → [インストール] の順にタップします。

③ インストールが開始されます。

④ インストールが完了すると、ホーム画面にアイコンが表示されます。アイコンをタップすると、アプリが起動します。

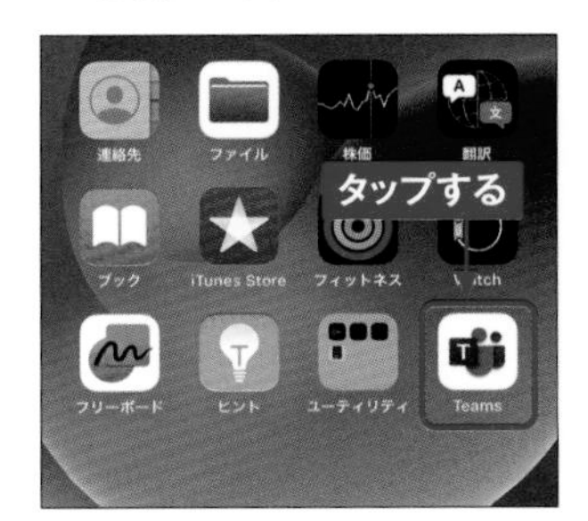

Android版アプリをインストールする

1 Play ストアで「Teams」と入力し、🔍をタップします。

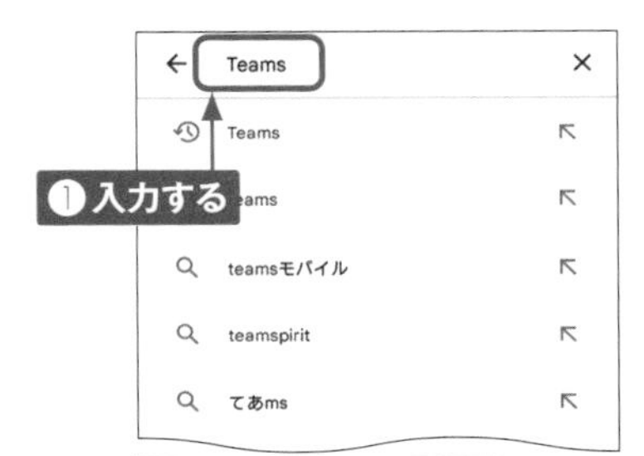

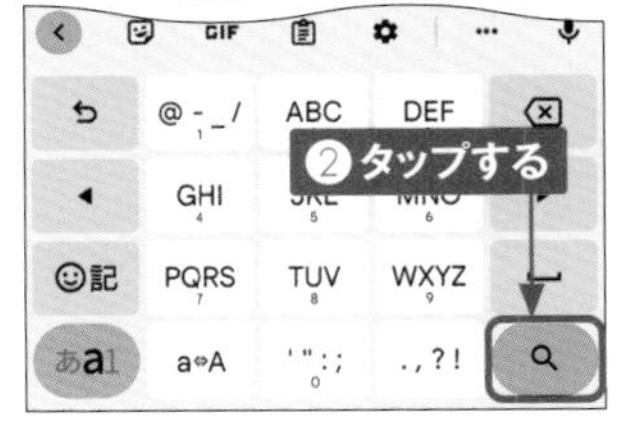

2 [インストール] をタップします。

3 インストールが開始されます。

4 インストールが完了すると、ホーム画面にアイコンが表示されます。アイコンをタップすると、アプリが起動します。

Essentials非対応

Section 62 アプリの基本画面を確認する

各画面について、構成やアイコンの機能を確認しましょう。iOS版とAndroid版では、画面構成が多少異なります。ここでは、iOS版の職場用アカウントの画面を紹介します。

基本画面を確認する

Teamsにサインインすると、「アクティビティ」画面（Androidでは「チャット」画面）が表示されます。

❶在席状況の変更、通知や画面設定の変更、アカウントの切り替えなどができます。

❷メンバーやメッセージ、ファイルをキーワード検索で見つけることができます。

❸未読のアクティビティのみを表示できます。

❹アクティビティから「メンション」や「不在着信」など項目別に検索することができます。

❺最新情報がある場合は、件数が表示されます。タップすると確認できます。

❻［チャット］をタップすると、チャット画面が表示されます。メッセージの送信や音声通話、ビデオ通話が可能です。

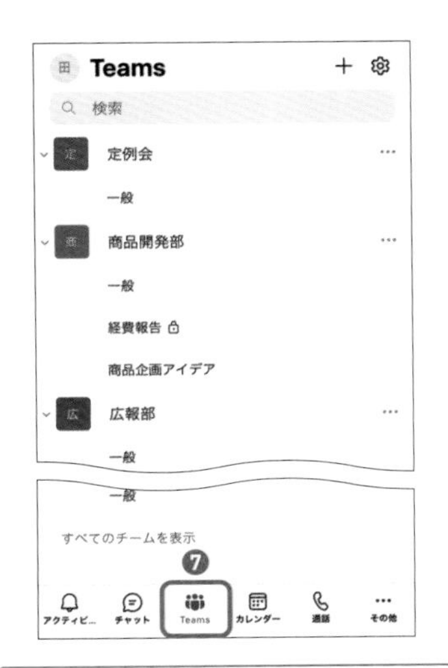

❼チームやチャネルが表示され、投稿やファイルも確認できます。新規チームや新規チャネルの作成、既存のチームの管理が可能です。

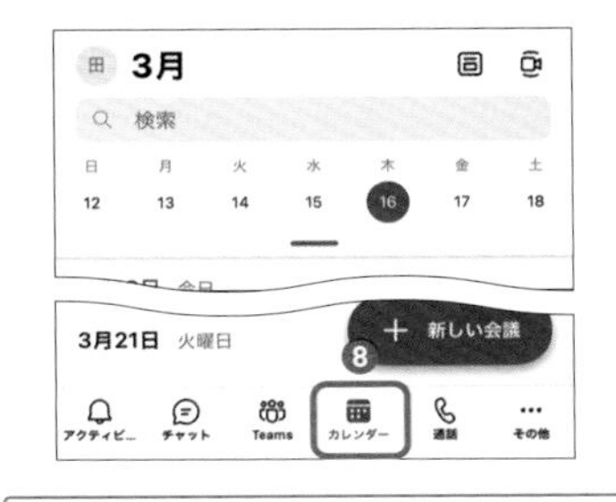

❽［カレンダー］をタップすると、会議を作成できます。また、［新しい会議］をタップして、会議に今すぐ参加することもできます。

❾［通話］をタップすると、1対1で通話できます。また、ボイスメールを聞くこともできます。

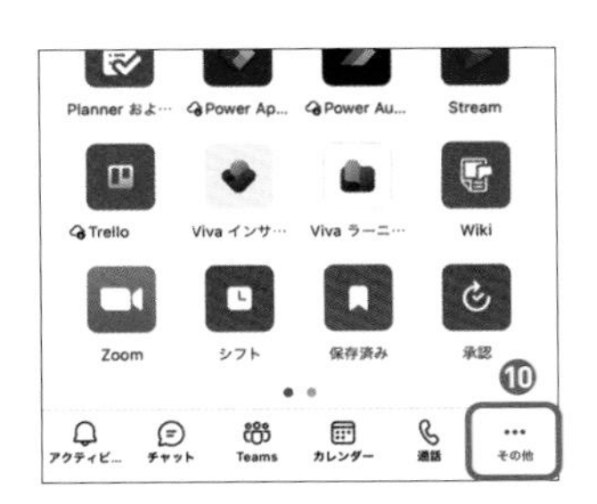

❿通話やカメラなどの機能を利用できます。［保存済み］をタップすると、保存された会話やメッセージを確認可能です。

Section 63

Essentials非対応

メッセージを投稿する

チーム内にメッセージやファイルなどを投稿することで、かんたんに情報共有が可能です。また、絵文字やGIF画像が豊富に搭載されているので、チャットのように気軽にコミュニケーションをとることができます。

メッセージを投稿する

1 [Teams](Android版では[チーム])→[すべてのチームを表示]の順にタップします。

2 メッセージを投稿するチームの名前をタップします。

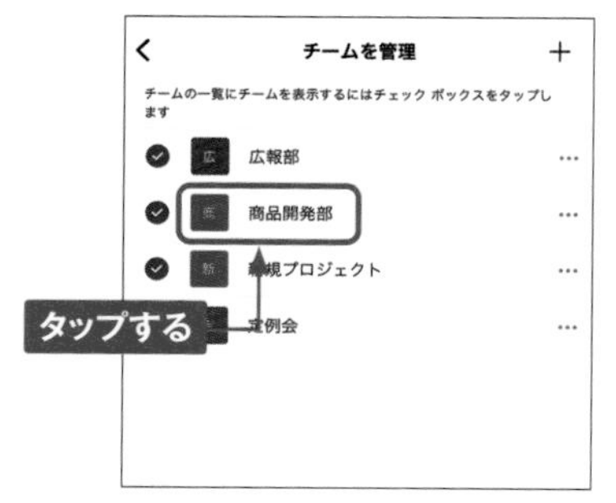

3 メッセージを投稿するチャネルまたはチーム全体([一般])をタップします。

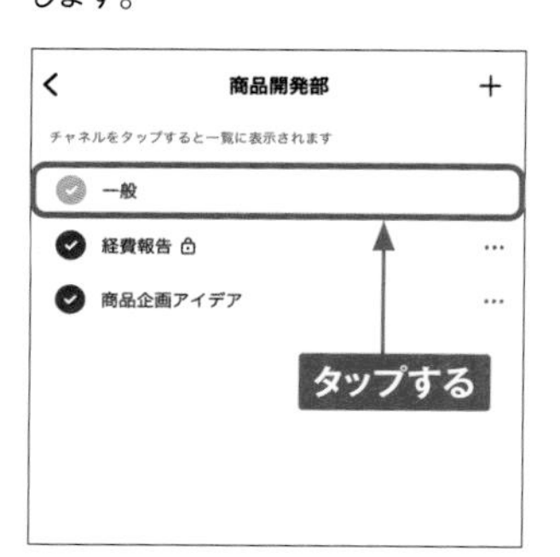

4 [新しい投稿](Android版では ⊙)をタップします。

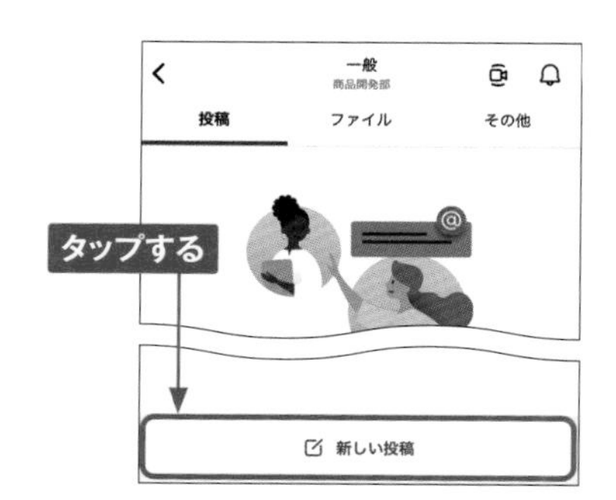

5 テキストボックスにメッセージを入力し、➤をタップします。

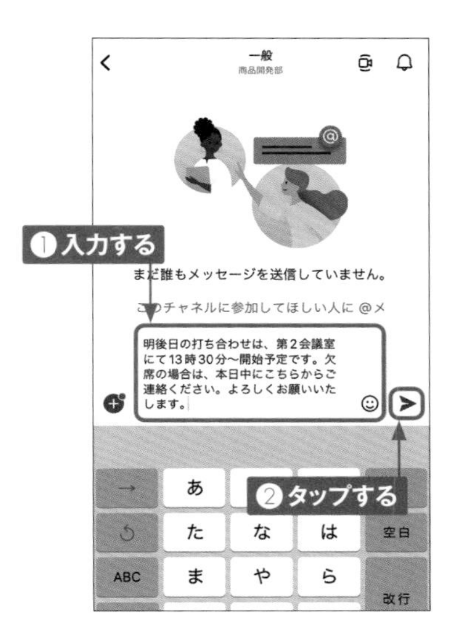

6 メッセージが投稿されます。

7 …をタップすると、メッセージの編集や削除ができます。

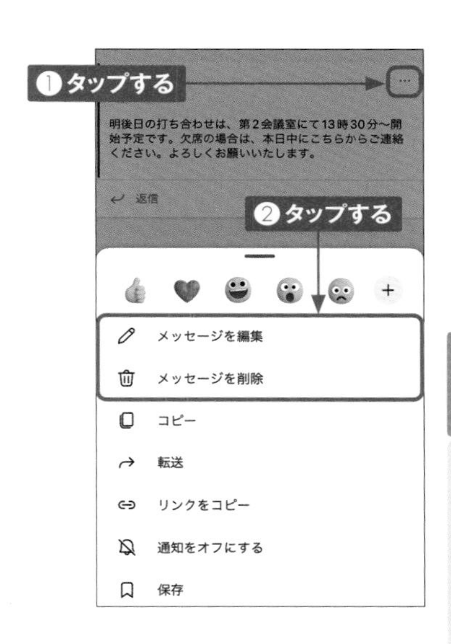

Memo 絵文字の投稿

Android版では、メッセージ入力画面で☺→［絵文字］の順にタップすると、絵文字を入力できます。

Essentials非対応

Section 64 メッセージに返信する

投稿されたメッセージやチームメンバーのリアクションは、「最新情報」に通知され、かんたんに確認することができます。ユーザーを特定して返信できるメンション機能を利用したり、リアクションを返信したりすることも可能です。

メッセージを確認する

1 新たなメッセージがあると通知が表示されるので、[アクティビティ]をタップします。

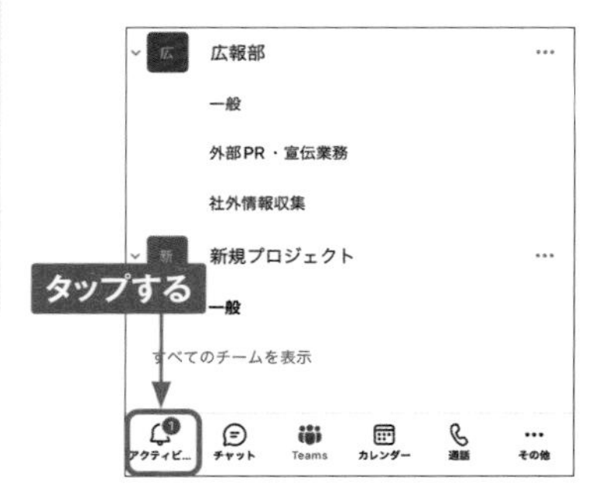

2 通知をタップします。

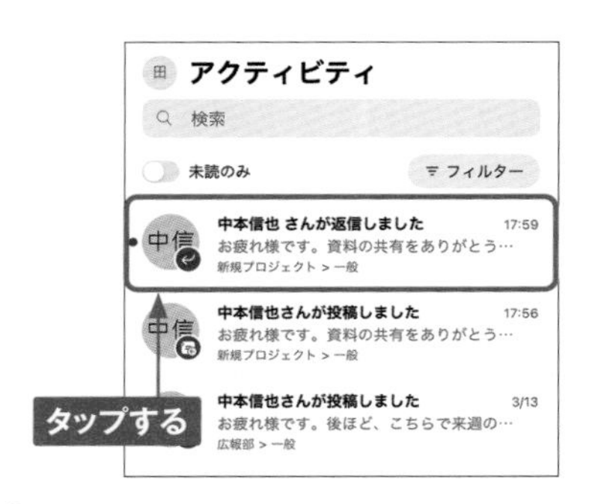

3 メッセージが表示されます。

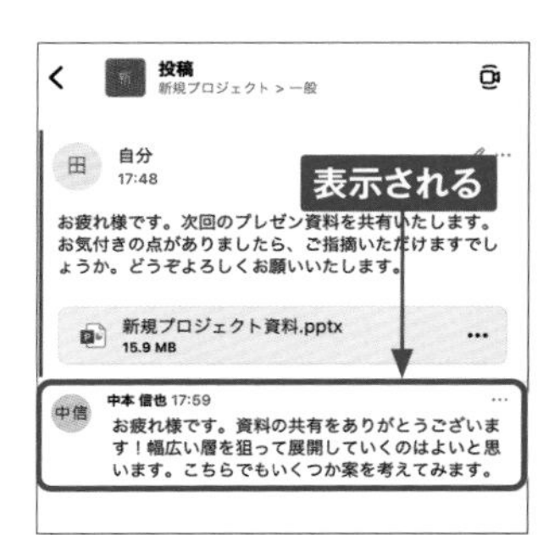

Memo リアクションを返信する

相手からのメッセージに表示されている … をタップし、絵文字をタップすると、リアクションを返信できます。

メッセージを返信する

① P.142手順③の画面で［返信］をタップします。

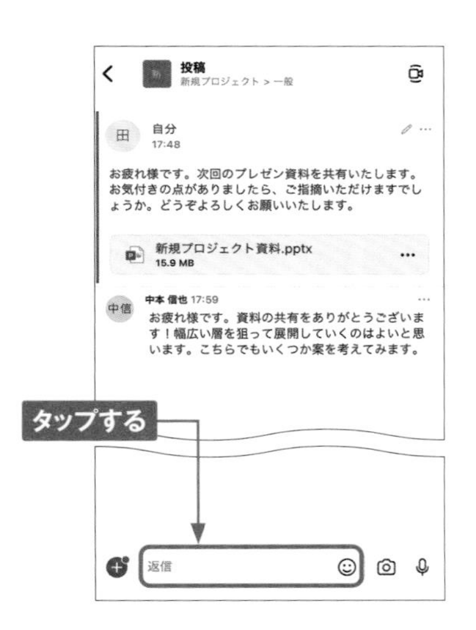

② テキストボックスにメッセージを入力し、➤をタップします。

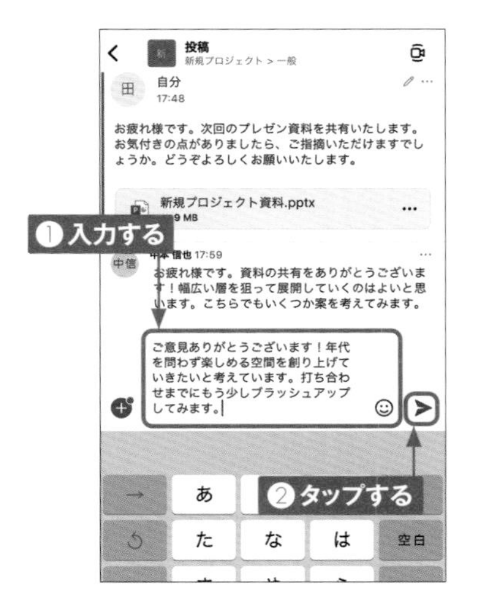

③ 返信メッセージが投稿されます。

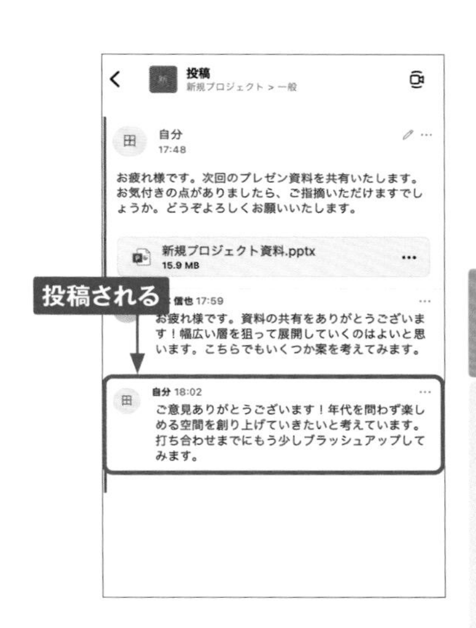

④ …をタップすると、メッセージの編集や削除ができます。

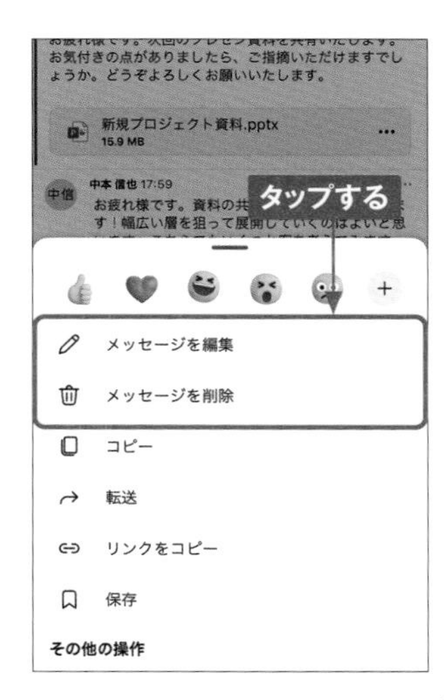

Section 65

通知設定を変更する

チャット機能や投稿機能など、機能それぞれの通知設定を変更したり、通知のオフ時間を設定したりすることができます。ここでは、パソコンとスマートフォン両方でTeamsを利用している場合に通知を二重に受け取らない設定を紹介します。

iOS版アプリで通知設定を変更する

① 画面左上のプロフィールアイコンをタップします。

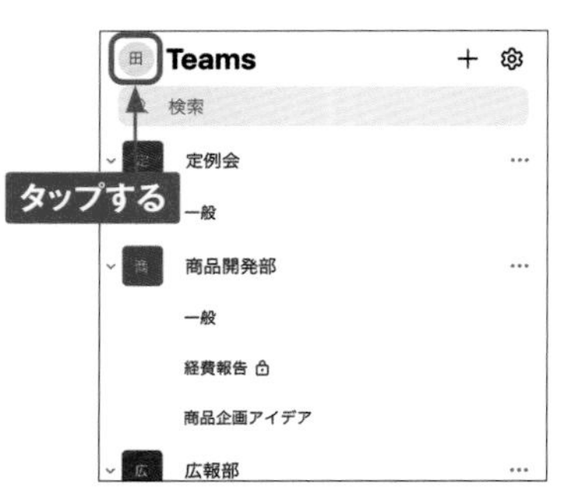

② [通知] をタップします。

③ [デスクトップでアクティブになっている場合] をタップし、オン／オフを切り替えます。

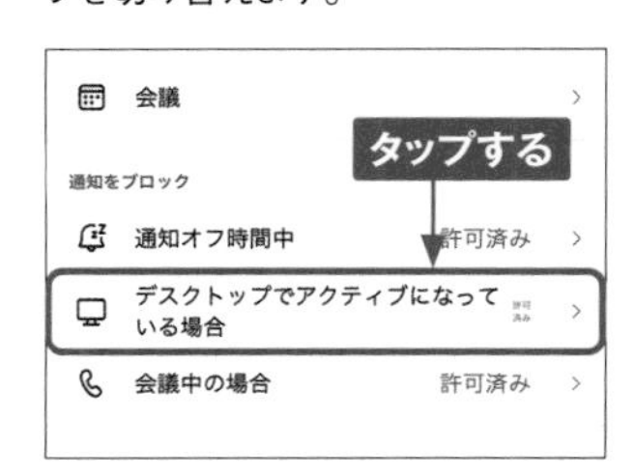

Memo 通知項目を選択する

手順③の画面で［全般的なアクティビティ］をタップすると、機能別に通知のオン／オフを設定することができます。をタップして、にすると、通知がオンになります。

Android版アプリで通知設定を変更する

① 画面左上のプロフィールアイコンをタップします。

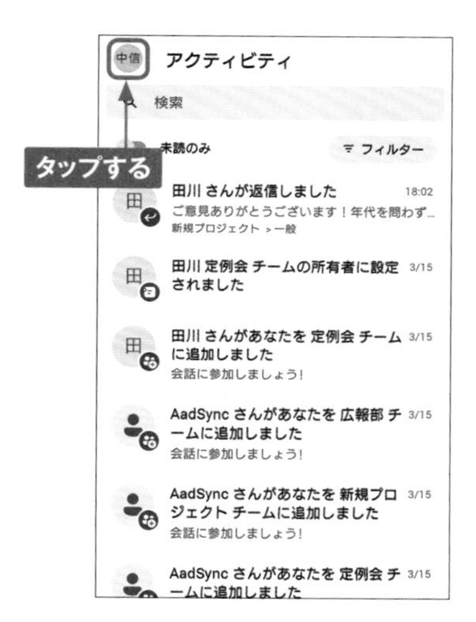

② ［通知］をタップします。

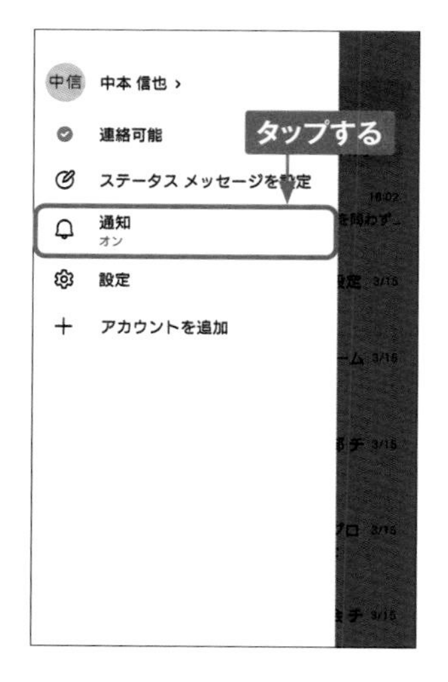

③ ［デスクトップでアクティブになっている場合］をタップし、オン／オフを切り替えます。

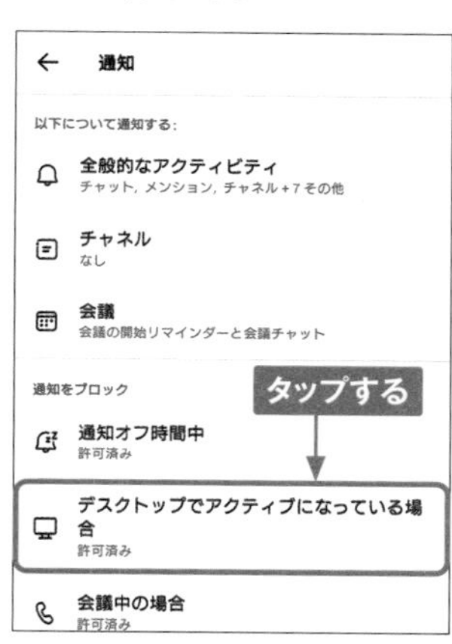

Memo 通知項目を選択する

手順③の画面で［全般的なアクティビティ］をタップすると、機能別に通知のオン／オフを設定することができます。をタップして、にすると、通知がオンになります。

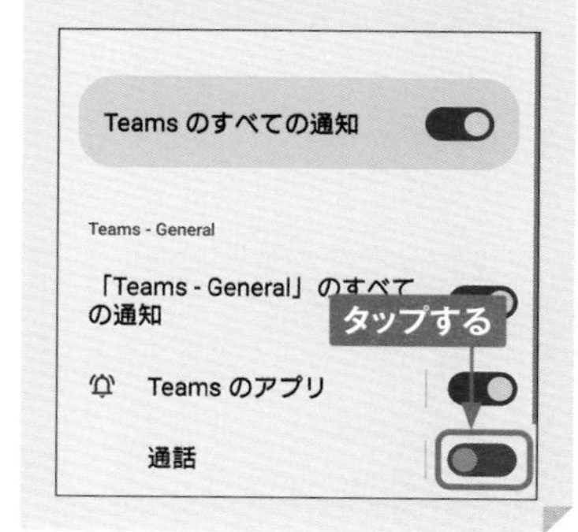

Section 66

在席状況を変更する

在席状況を表示することで、相手とのコミュニケーションがスムーズに行われます。また、在席状況とあわせて「ステータスメッセージ(P.56参照)」を設定することで、より詳細に自分の状況を知らせることができます。

在席状況を変更する

1 画面左上のプロフィールアイコンをタップします。

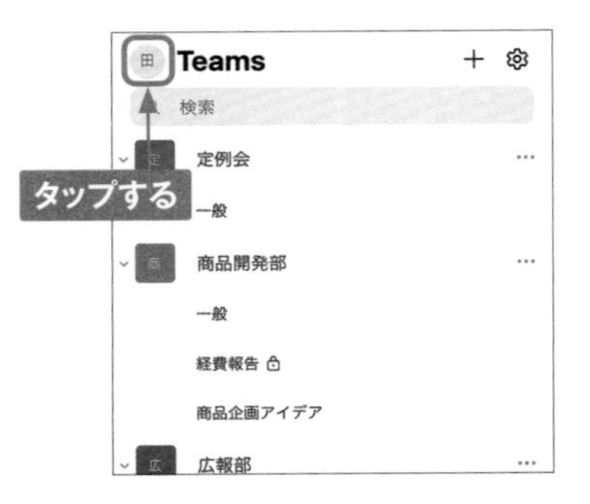

2 現在の在席状況(ここでは[連絡可能])をタップします。

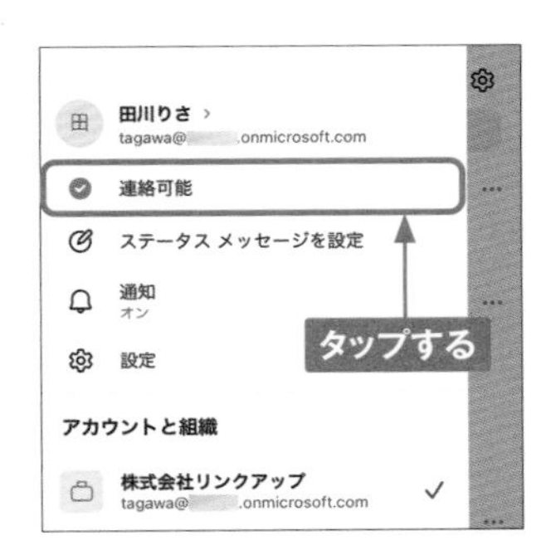

3 変更したい在席状況(ここでは[退席中])をタップすると、変更されます。

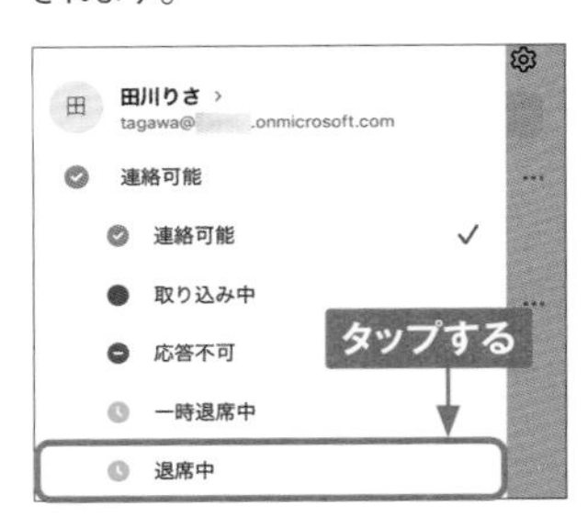

Memo 在席状況の項目

Android版では、在席状況の項目が以下のように表示されます。

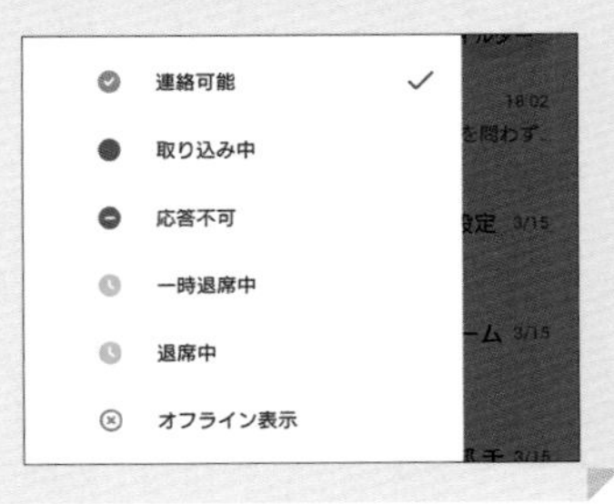

第 10 章

疑問・困った解決Q&A

Section 67

アプリをすばやく操作したい!

Teamsには、作業を効率化するためのショートカットキーのほか、入力することでタスクを処理できるコマンドが用意されています。よく使うものだけでも覚えておくと便利です。なお、コマンドはEssentialsでは非対応です。

ショートカットキー一覧

操作内容※Essentials非対応	デスクトップ版	ブラウザー版
ショートカットキーを表示する	Ctrl + .	
検索に移動	Ctrl + E	Ctrl Alt + E
コマンドを表示する※	Ctrl + /	
移動※	Ctrl + G	Ctrl + Shift + G
新しいチャットを開始する	Ctrl + N	
「設定」を開く	Ctrl + ,	Ctrl + Shift + ,
「ヘルプ」を開く	F1	Ctrl + F1
閉じる	Esc	
拡大	Ctrl + =	ショートカットキーなし
縮小	Ctrl + −	ショートカットキーなし
アクティビティを開く	Ctrl + 1	Ctrl + Shift + 1
チャットを開く	Ctrl + 2	Ctrl + Shift + 2
チームを開く	Ctrl + 3	Ctrl + Shift + 3
カレンダーを開く(Essentialsでは予定表)	Ctrl + 4	Ctrl + Shift + 4
通話を開く	Ctrl + 5	Ctrl + Shift + 5
ファイルを開く	Ctrl + 6	Ctrl + Shift + 6
1つ前のリストの項目に移動する	左 Alt + ↑	
次のリストの項目に移動する	左 Alt + ↓	

コマンド一覧

コマンド	機能（デスクトップ版・ブラウザー版とも共通）
/activity	特定の人のアクティビティを表示します。
/available	状態を「連絡可能」に設定します。
/away	状態を「退席中」に設定します。
/brb	状態を「一時退席中」に設定します。
/busy	状態を「取り込み中」に設定します。
/call	電話番号またはTeams連絡先に電話します。
/chat	クイックメッセージを担当者に送信します。
/dnd	状態を「応答不可」に設定します。
/files	最近使用したファイルを表示します。
/find	ページを検索します。
/goto	チームやチャネルに直接移動します。
/help	Teamsに関するヘルプを表示します。
/join	チームに参加します。
/keys	ショートカットキーを表示します。
/mentions	すべてのメンションを表示します。
/offline	状態をオフライン状態に設定します。
/org	特定の人の組織図を表示します。
/pop	新しいウィンドウにチャットを表示します（※ブラウザー版では非対応）。
/saved	保存済みメッセージを表示します。
/testcall	通話品質を確認します（※ブラウザー版では非対応）。
/unread	未読のすべてのアクティビティを表示します。
/whatsnew	Teamsの新機能を確認します。
/who	特定の人についてWhoに尋ねます。

Memo コマンドの実行方法

コマンドは、Teamsの画面上部にある「検索」に半角で入力し、Enterを押すことで実行することができます。

Section 68

未読メッセージをすばやく確認したい!

チャットやチーム、チャネルが増えてくると、未読メッセージに気付かないままほかのやり取りに埋もれてしまうケースも考えられます。そのようなことのないよう、未読メッセージをすばやく探し出し出す方法を覚えておきましょう。

フィルター機能から確認する

1 ［チャット］をクリックし、≡をクリックします。

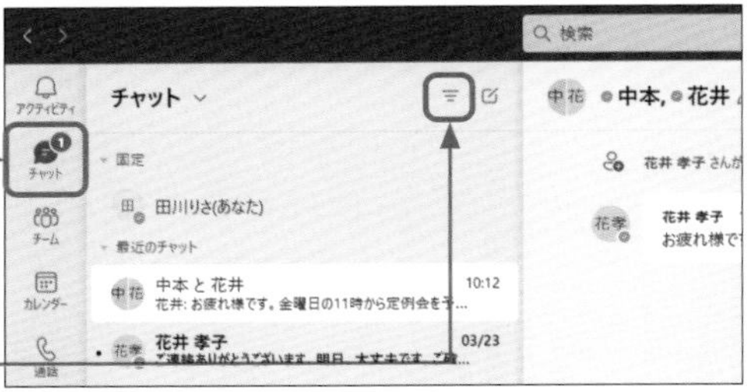

2 …→［未読］の順にクリックします。

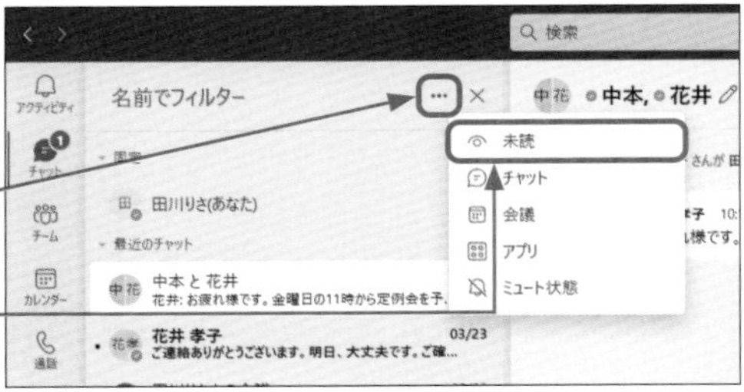

3 未読メッセージが表示されます。

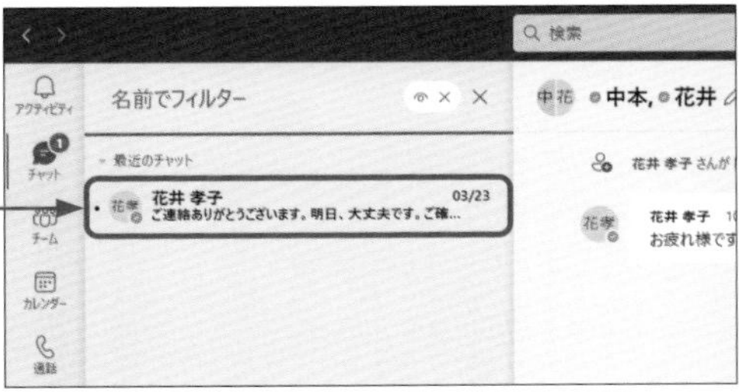

Section 69

Essentials非対応

ファイルやWebサイトをすばやく開きたい!

タブを活用すると、チャネル内のファイルやWebサイトにすばやくアクセスすることができます。作業のたびにファイルやWebサイトを探す手間が省けます。ここではWebサイトを開くときの手順を紹介します。

タブを活用する

1 ［チーム］をクリックし、＋→［すべて表示］の順にクリックします。

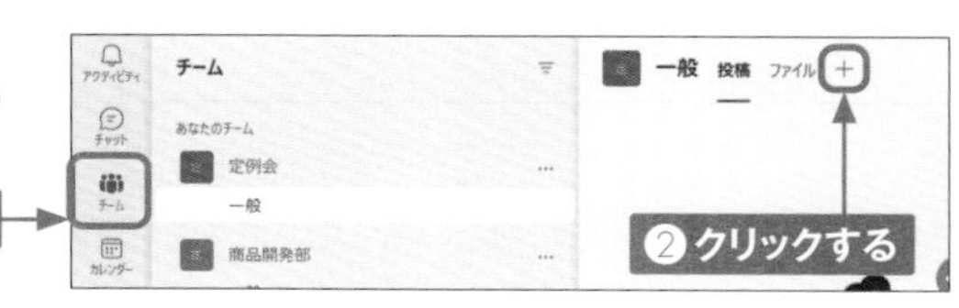

2 タブとして追加できるアプリやWebサイトが表示されるので、ここでは［Webサイト］をクリックします。

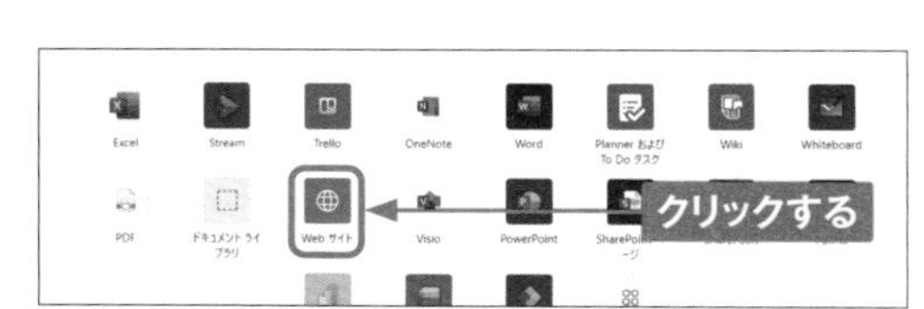

3 「タブ名」を任意で入力します。タブに追加したいWebサイトのURLを入力し、［保存］をクリックします。

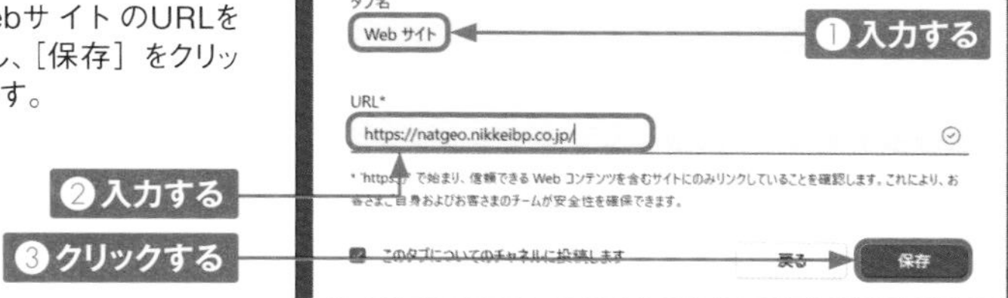

4 Webサイトがタブに追加され、チームのメンバーがすばやくアクセスすることができます。

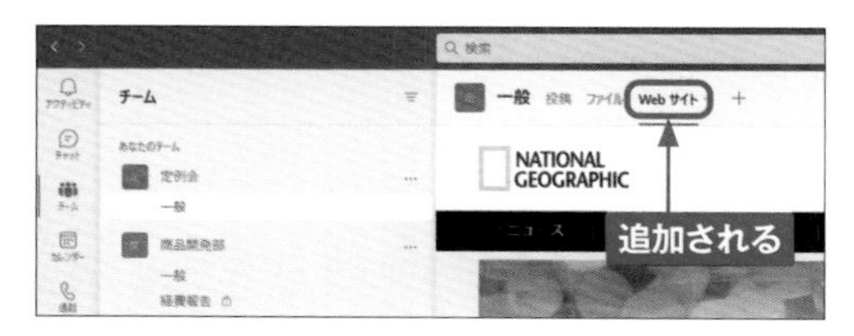

Section 70

誤ってメッセージを送ってしまった!

チャットやチャネルなどで誤ってメッセージを送ってしまった場合、放置しておくとプロジェクトのミスなどにつながりかねません。そのようなことのないよう、誤ったメッセージはすぐに送信を取り消すようにしましょう。

メッセージを削除する

1 誤って送ってしまったメッセージにマウスポインターを合わせ、…→［削除］の順にクリックします。

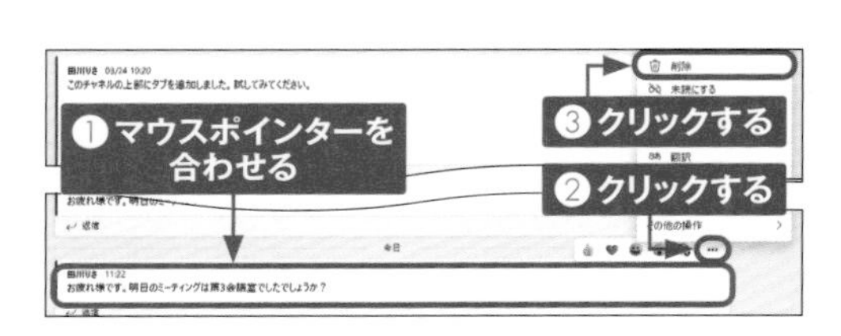

2 メッセージが削除されます。

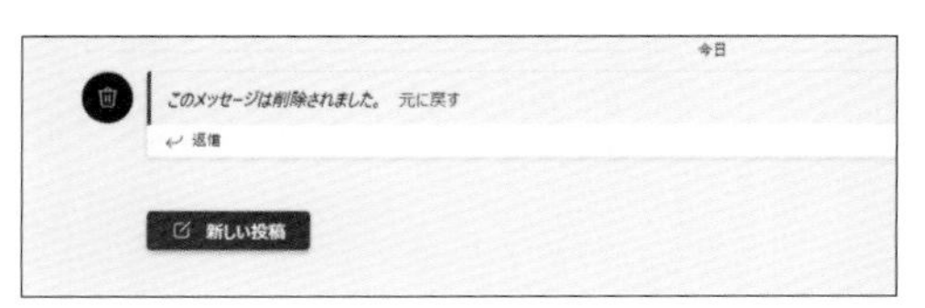

メッセージを編集する

1 上の手順①の画面を表示し、［編集］をクリックします。

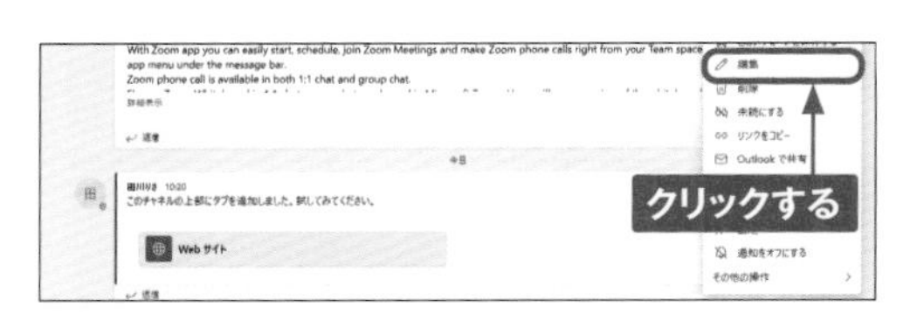

2 メッセージを編集します。✓をクリックすると、編集が完了します。

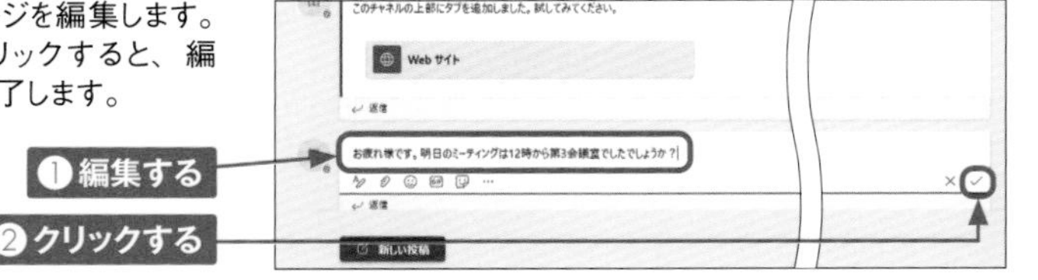

Section 71

会議を円滑に進めるコツを知りたい!

ビデオ会議は離れたところにいる相手とも話し合いをすることができるのでとても便利です。ここでは、会議を円滑に進めるために、事前に準備してトラブルを防いだり、Teamsの機能を活用したりするコツを紹介します。

会議を円滑に進めるコツ

●発言するとき以外は、マイクをオフ（ミュート）にする

メンバーの誰かが発言している間は、自分のマイクをオフ（ミュート）にしておきます（Sec.27参照）。そうすることで余計な音が入ったり、音割れしたりするのを防ぐことができます。

●画面共有を使って説明をする

画面共有（Sec.31参照）を使うと、ファイル形式に依存することなく相互に資料を確認することが可能です。自分のパソコン上の操作を示したり、アプリやPowerPointを見せたりすることで視覚的に分かりやすい説明ができます。

●発言するときは挙手のアイコンを押す

複数人同士でビデオ会議を行う場合、誰が話しているのか画面では分かりにくいときがあります。また、相手の細かい表情を捉えることができないため、状況が分からず発言しにくいときもあります。そんなとき、挙手のアイコン（P.59参照）をうまく活用することで、発言しやすくなり、誰が話しているのかはっきりわかります。

●資料の用意をする

事前に共有された資料があるときは、ファイルをダウンロード（Sec.36参照）して印刷し、手元にある状態にしておくと、会議の話し合いにスムーズに参加できます。

●会議の参加メンバーでチームを作成する

あらかじめ会議に参加するメンバーでチームを作成（Sec.53参照）しておけば、会議当日に慌てて招集する必要がありません。また、会議の参加状況を確認する（Sec.33参照）こともでき、便利です。なお、Essentialsでは非対応です。

Section 72

Essentials非対応

応答不可の状態でも通知を受け取りたい!

「応答不可」とは、その名の通りチャットやビデオ会議に対して反応できない状態を指しますが、そのような状態であっても、特定のユーザーからの通知だけは受け取るようにすることが可能です。

通知を受け取るユーザーを設定する

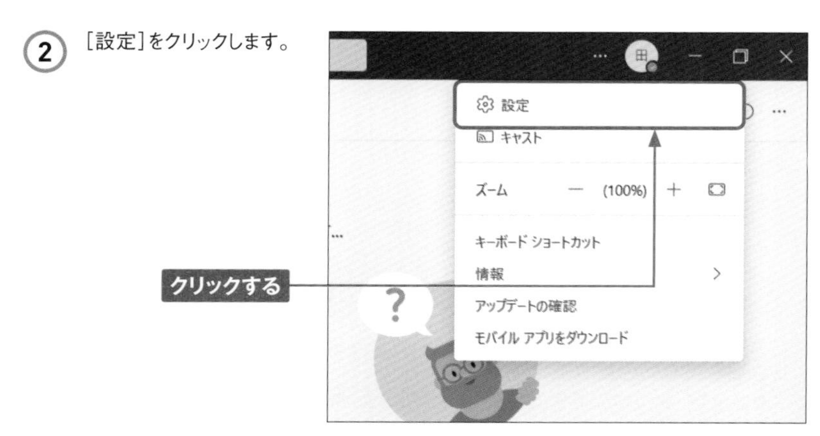

③ ［プライバシー］をクリックします。

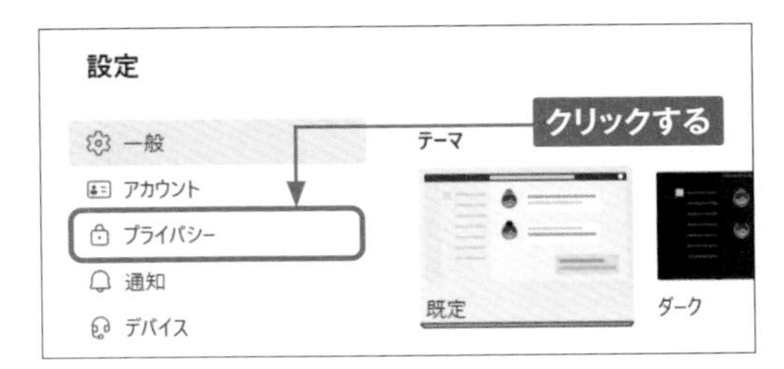

④ ［優先アクセスを管理］をクリックします。

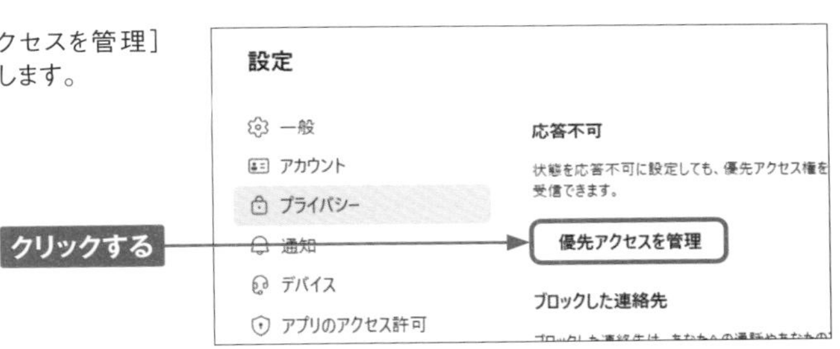

⑤ 「優先アクセスを管理する」画面が表示されたら、「名前または番号でユーザーを検索」にユーザー名か電話番号を入力します。

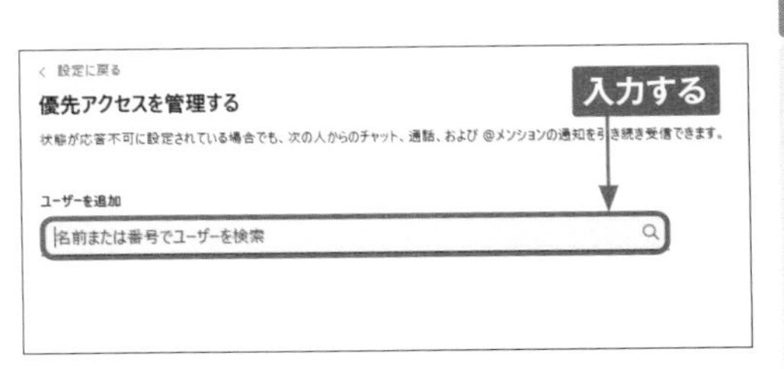

⑥ 表示された名前をクリックします。

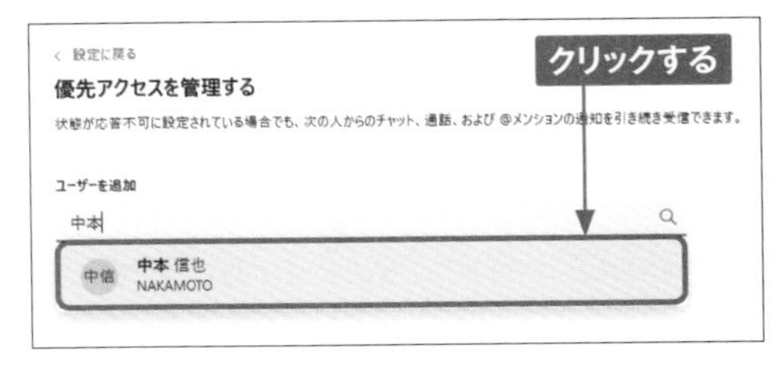

⑦ 応答不可であっても、手順⑥の画面でクリックしたユーザーからの通知を受け取ることができるようになります。

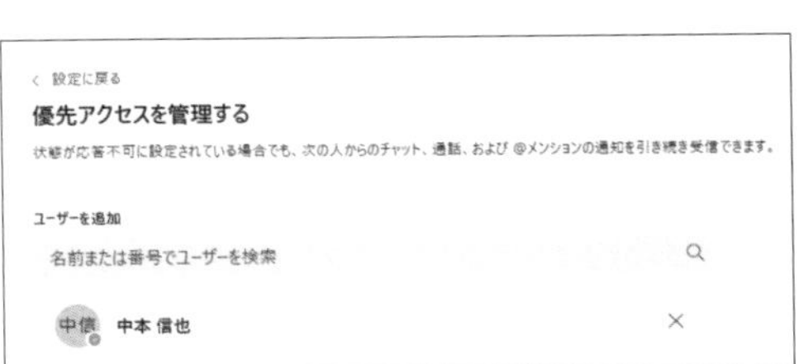

Section 73

会議のときにマイクがハウリングする!

ハウリングとは、ビデオ会議中にスピーカーから「キーン」という耳障りなノイズが聞こえてしまうことです。スピーカーから出ている音をマイクが拾ってしまうことが原因です。

ハウリングとは

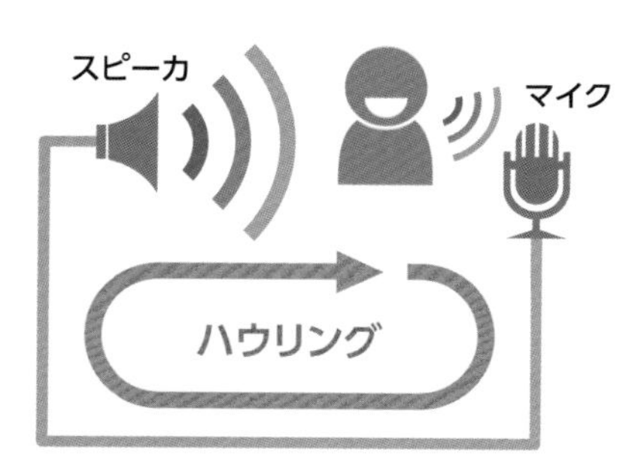

ハウリングとは、スピーカーから出た音をマイクが拾っては増幅させることがくり返されて生じるノイズのことです。1人がハウリングしているとビデオ会議の参加者全員にノイズが届いてしまうため、スピーカーではなくヘッドセットを用いるなど、しっかりと対処しておきましょう。

第10章 疑問・困った解決Q&A

ハウリングを防止するには

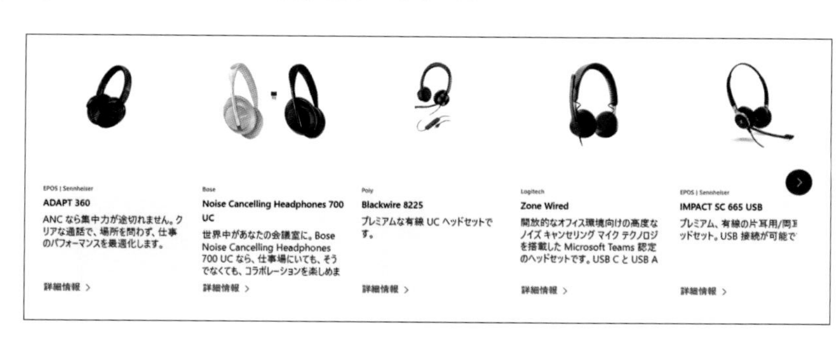

https://www.microsoft.com/ja-jp/microsoft-teams/across-devices/devicesにアクセスすると、より快適にTeamsでビデオ会議を行うためのデバイスを確認することができます。

Section 74

パスワードを忘れてしまった!

Teamsにサインインするときのパスワードを忘れてしまった場合は、サインインのパスワード入力画面からパスワードのリセットを行うことができます。なお、パスワードをリセットするときは、本人確認のためのセキュリティコードが必要です。

パスワードをリセットする

1 パスワード入力画面で、[パスワードを忘れた場合]をクリックします。

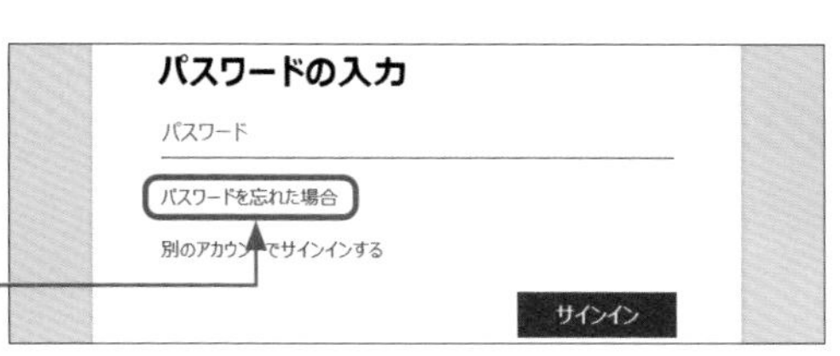

クリックする

2 メールまたはユーザー名を確認し、画像の文字を入力して、[次へ]をクリックします。

①確認する
②入力する
③クリックする

3 画面の指示に従って、本人確認のためのセキュリティコードを受け取る方法を設定したら、受け取ったセキュリティコードを入力し、[次へ]をクリックします。

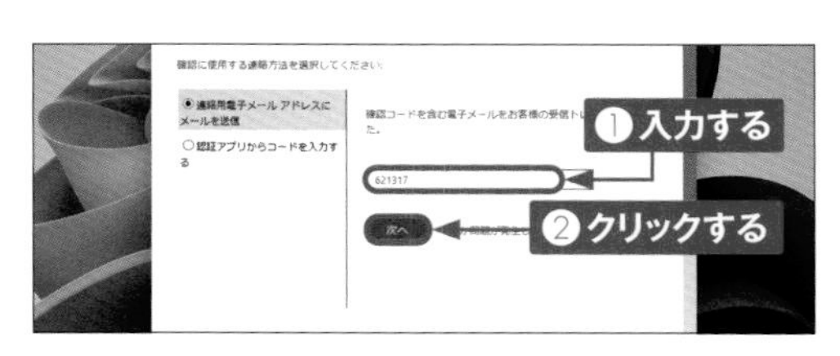

4 新しいパスワードを2回入力し、[完了]をクリックすると、パスワードをリセットできます。

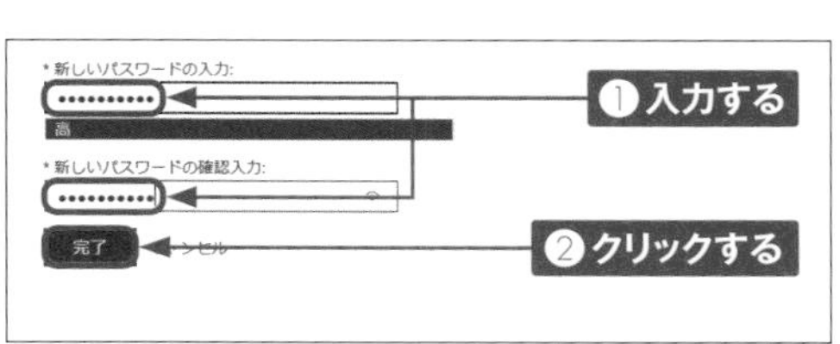

索引

は行

ま・ら・わ行

お問い合わせについて

本書に関するご質問については、本書に記載されている内容に関するもののみとさせていただきます。本書の内容と関係のないご質問につきましては、一切お答えできませんので、あらかじめご了承ください。また、電話でのご質問は受け付けておりませんので、必ずFAX か書面にて下記までお送りください。
なお、ご質問の際には、必ず以下の項目を明記していただきますようお願いいたします。

1 お名前
2 返信先の住所またはFAX 番号
3 書名
(ゼロからはじめる　Microsoft Teams　基本&便利技［改訂2版］)
4 本書の該当ページ
5 ご使用のソフトウェアのバージョン
6 ご質問内容

なお、お送りいただいたご質問には、できる限り迅速にお答えできるよう努力いたしておりますが、場合によってはお答えするまでに時間がかかることがあります。また、回答の期日をご指定なさっても、ご希望にお応えできるとは限りません。あらかじめご了承くださいますよう、お願いいたします。ご質問の際に記載いただきました個人情報は、回答後速やかに破棄させていただきます。

■ お問い合わせの例

FAX

1 お名前
技術　太郎
2 返信先の住所またはFAX 番号
03-XXXX-XXXX
3 書名
ゼロからはじめる
Microsoft Teams
基本&便利技［改訂2版］
4 本書の該当ページ
40ページ
5 ご使用のソフトウェアのバージョン
Windows 11
6 ご質問内容
手順2の画面が表示されない

お問い合わせ先

〒162-0846
東京都新宿区市谷左内町21-13
株式会社技術評論社　書籍編集部
「ゼロからはじめる　Microsoft Teams　基本&便利技［改訂2版］」質問係
FAX 番号　03-3513-6167
URL：https://book.gihyo.jp/116/

ゼロからはじめる Microsoft Teams 基本&便利技［改訂2版］

2023年　6月　8日　初版　第1刷発行
2024年　5月23日　初版　第2刷発行

著者……リンクアップ
発行者……片岡　巌
発行所……株式会社　技術評論社
東京都新宿区市谷左内町21-13
電話……03-3513-6150　販売促進部
03-3513-6160　書籍編集部
編集……リンクアップ
担当……春原　正彦
装丁……菊池　祐（ライラック）
本文デザイン……リンクアップ
DTP……リンクアップ
撮影……リンクアップ
製本／印刷……図書印刷株式会社

定価はカバーに表示してあります。

ISBN978-4-297-13543-0 C3055

Printed in Japan